国家"十二五"重点图书出版规划项目
国家科技部: 2014年全国优秀科普作品

新能源在召唤丛书

XINNENGYUAN ZAIZHAOHUAN CONGSHU
HUASHUO QINGNENG

话说氢能

翁史烈　主编　施鹤群　著

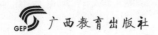

GEP 广西教育出版社

出版说明

　　科普的要素是培育，既是科学知识、科学技能的培育，更是科学方法、科学精神、科学思想的培育。优秀科普图书的创作、传播和阅读，对提高公众特别是青少年的素质意义重大，对国家、民族的和谐发展影响深远。把科学普及公众，让技术走进大众，既是社会的需要，更是出版者的责任。我社成立 30 多年来，在教育界、科技界特别是科普界的支持下，坚持不懈地探索一条面向公众特别是面向青少年的切实而有效的科普之路，逐步形成了"一条主线"和"四个为主"的优秀科普图书策划组织、编辑出版的特色。"一条主线"就是：以普及科学技术知识，弘扬科学人文精神，传播科学思想方法，倡导科学文明生活为主线。"四个为主"就是：一、内容上要新旧结合，以新为主；二、形式上要图文并茂，以文为主；三、论述上要利弊兼述，以利为主；四、文字上要深入浅出，以浅为主。

　　《新能源在召唤丛书》是继《海洋在召唤丛书》《太空在召唤丛书》之后，我社策划组织、编辑出版的第三套关于高科技的科普丛书。《海洋在召唤丛书》由中国科学院王颖院士担任主编，以南京大学海洋科学研究中心为依托，该中心的专家学者为主要作者；《太空在召唤丛书》由中国科学院庄逢甘院士担任主编，以中国航天科技集团旗下的《航天》杂志社为依托，该社的科普作家为主要作者。这套《新能源在召唤丛书》则由中国工程院翁史烈院士担任主编，以上海市科协旗下的老科技工作者协会为依托，该协会的会员为主要作者。前两套丛书出版后，都收到了社会效益和经济效益俱佳的效果。《海洋在召唤丛书》销售了 5 千多套，被共青团中央列入"中国青少年 21 世纪读书计划新书推荐"书目；《太空在召唤丛书》销售了 1 万多套，获得了科技部、新闻出版总署（现国家新闻出版广电总局）

颁发的全国优秀科技图书奖，并被新闻出版总署（现国家新闻出版广电总局）列为"向全国青少年推荐的百种优秀图书"之一。这套《新能源在召唤丛书》出版 3 年多来不仅销售了 3 万多套，而且显现了多媒体、多语种的融合，社会效益非常显著：

——2013 年被增补为国家"十二五"重点图书出版规划项目；

——2014 年被科技部评为全国优秀科普作品；

——2015 年被广西新闻出版广电局推荐为 20 种优秀桂版图书之一；

——2016 年其"青少年新能源科普教育复合出版物"被列为国家"十三五"重点图书出版规划项目，摘要制作的《水能概述》被科技部、中国科学院评为全国优秀科普微视频；其中 4 卷被广西新闻出版广电局列入广西农家书屋推荐书目；

——2017 年其中 2 卷被国家新闻出版广电总局列入全国农家书屋推荐书目，4 卷被广西新闻出版广电局列入广西农家书屋推荐书目，更有 7 卷通过版权贸易翻译成越南语在越南出版。

我们知道，新能源是建立现代文明社会的重要物资基础；我们更知道，一代又一代高素质的青少年，是人类社会永续发展最重要的人力资源，是取之不尽、用之不竭的"新能源"。我们希望，这套丛书能够成为新能源时代的标志性科普读物；我们更希望，这套丛书能够为培育科学地开发、利用新能源的新一代建设者提供正能量。

广西教育出版社

2013 年 12 月

2017 年 12 月修订

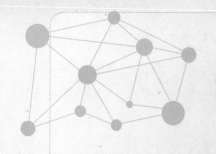

主编寄语

　　建设创新型国家是中国现代化事业的重要目标，要实现这个宏伟目标，大力发展战略性新兴产业，努力提高公众的科学素质，坚持做好科学普及工作，是一个重要的任务。为快速发展低碳经济，加强环境保护，因地制宜，积极开发利用各种新能源，走向世界的前列，让青少年了解新能源科技知识和产业状况，是完全必要的。

　　为此，广西教育出版社和上海市老科技工作者协会合作，组织出版一套面向青少年的《新能源在召唤丛书》，是及时的、可贵的。两地相距两千多公里，打破了地域、时空的限制，在网络上联络而建立合作关系，本身就是依靠信息科技、发展科普文化的佳话。

　　上海市老科技工作者协会成立于1984年，下设十多个专业协会与各工作委员会，现有会员一万余人，半数以上具有高级职称，拥有许多科技领域的专家。协会成立近30年来开展了科学普及方面的许多工作，不仅与出版社合作，组织出版了大量的科普或专业著作，而且与各省、市建立了广泛的联系，组织科普讲师团成员应邀到当地讲课。此次与广西教育出版社合作，出版《新能源在召唤丛书》，每一册都是由相关专家精心撰写的，内容新颖，图文并茂，不仅介绍了各种新能源，而且指出了在新能源开发、利用中所存在的各种问题。向青少年普及新能源知识，又多了一套优秀的科普书籍。

　　相信这套丛书的出版，是今后长期合作的开始。感谢上海老科协的专家付出的辛勤劳动，感谢广西教育出版社的诚恳、信赖。祝愿上海老科协专家们在科普写作中快乐而为、主动而为，撰写出更多的优秀科普著作。

2013 年 11 月

主编简介

翁史烈：中国工程院院士。1952 年毕业于上海交通大学。1962 年毕业于苏联列宁格勒造船学院，获科学技术副博士学位。历任上海交通大学动力机械工程系副主任、主任，上海交通大学副校长、校长。曾任国务院学位委员会委员，教育部科学技术委员会主任，中国动力工程学会理事长，中国能源研究会常务理事，中欧国际工商学院董事长，上海市科学技术协会主席，上海工程热物理学会理事长，上海能源研究会副理事长、理事长，上海市院士咨询与学术活动中心主任。

写在前面

提起氢，人们自然会想到氢气球。那些小的氢气球用塑料膜制成，用于儿童玩具或喜庆日子放飞用。较大的氢气球用橡胶或布料制成，用于空中悬挂广告条幅。气象上还用氢气球探测高空。要是你到新能源或新能源汽车展览会上瞧瞧，你就会对氢有新的认识。

2011年4月，在上海举行的第十四届上海国际汽车工业展览会上，许多世界领先的汽车制造商都展出了自己的品牌车，让车迷们大饱眼福。在梅赛德斯-奔驰集团的展位上，车迷们可以看到一款奇特的环保汽车，它与一般的环保车不同，外形十分奇特，让人觉得它像是一款老爷车。

其实，这是一款奔驰的新能源汽车F-Cell。它是一种新型燃料电池汽车，车上装有三个储氢罐，它的二氧化碳排放量为零。有人评论说，搭载着奔驰先进科技的F-Cell氢能源汽车给新能源汽车的发展树立了一个标杆。不管怎么说，氢能源汽车已经挤入了新能源汽车之列，这是不争的事实。

氢能源汽车的出现，改变了人们对氢能源的认识。氢能源不仅可以成为车用能源，也可以成为其他交通工具和工作机械新能源，还可用来发电，让氢能转变成电能，进入千家万户。氢能源正从实验室一步步地走进人们的日常生活。

氢能源应用的最好途径是通过燃料电池将存在于燃料与氧化剂中的化学能直接转化为电能。燃料电池的特点是反应过程不经过燃烧，能量转换率高达60%～80%，实际使用效率是普通内燃

机的 2～3 倍，还具有排气干净、噪声低、对环境污染小、不需要充电、燃料多样化、可靠性高和维修方便等特点。

　　氢能源的推广和应用，不仅可以缓解全球能源危机，还可以促进全球经济发展，迎来崭新的氢经济时代。氢经济是以氢为媒介，包括氢的储存、运输和转化的一种未来经济结构的设想，是 20 世纪 70 年代提出的、为取代存在诸多困扰的石油经济体系而产生的新经济体系。

　　本书的编写得到了上海市老年科技工作者协会领导和朋友的支持，在此，表示衷心感谢。还要感谢我的朋友张金星、李翀、张钊溢为本书绘制、加工了许多插图。最后，要感谢广西教育出版社，给了我许多帮助，使本书得以奉献给读者。

施鹤群

2013 年 7 月

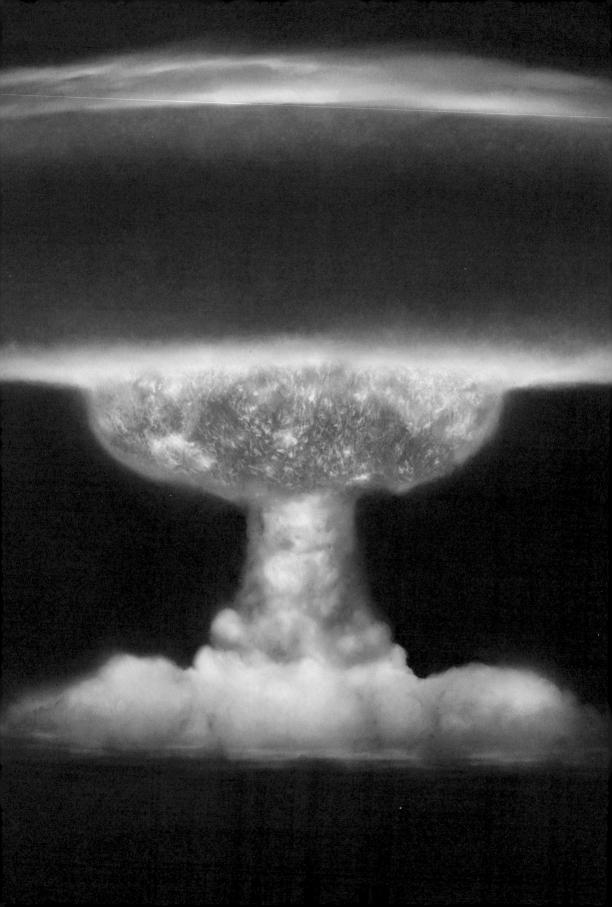

目录
Contents

目录
Contents

目录
Contents

目录
Contents

开头的话

　　氢元素在化学元素周期表中名列第一，它在自然界中存在于水和各类碳水化合物中，而地球又是一个"水球"，地球表面约71%被水覆盖着，所以，氢是地球上最丰富的元素。

　　氢又是最亲近人类的元素，氢化合物中的碳氢化合物是人体的基本组成物质。人类诞生以来，氢元素就存在于人体中。氢也是地球上所有生物的基本组成物质，氢和氧化合生成的水，是地球上所有生物赖以生存的基本物质。但是，很久以来人类一直不认识氢，不知道氢的存在。18世纪70年代，化学家卡文迪许在实验中不小心发现了它，但他不承认自己发现了氢元素。直到1787年，法国化学家拉瓦锡重复了卡文迪许的实验，正式提出氢是一种元素，氢元素才被人们所接受和认识。

　　自从氢元素被发现后，人们才知道，地球上分布着大量的氢，而且，氢无处不在，到处可以看见它的踪影。从天上到地下，大海、长河、森林、田野，到处都有氢元素的存在。

　　既然氢是最亲近人类的元素，又是自然界中最丰富的元素，为什么这么晚才被发现呢？

　　原来，氢性质活泼，它在自然界中不能单独存在，地球上的氢都是以化合物形式存在的。氢看不见，又摸不着，自然不容易被人类发现。天然的氢在地面上很少有，自然界中的氢元素蕴藏在水中、化石燃料和生物体内，而且它们是以氢氧化合物、碳氢化合物和其他氢化合物的形式出现。所以，氢只能依靠人工制取。通常制氢的途径有：

从丰富的水中分解氢；从大量的碳氢化合物中提取氢；从广泛的生物资源中制取氢；利用微生物去生产氢；等等。制取氢需要很高的科学技术。

氢元素被发现后，由于它具有特殊的物理、化学性质，在工农业生产和人们日常生活中得到了应用。特别到 20 世纪 70 年代以后，世界上发生了能源危机，氢更多地进入人们的视野。

能源危机的发生使人类发现，地球上的煤炭、石油、天然气等矿物燃料不是无限的，随着矿物燃料大规模地开采和使用，储藏量越来越少。矿物燃料的形成要经过漫长的地质年代，它不是可再生能源，开采一点就少一点。现在储藏在地下的矿物燃料越来越少，总有一天会枯竭。

应对能源危机的策略

矿物燃料燃烧时会产生二氧化碳一类温室气体和其他有害气体，它们在空气中和水蒸气结合，形成硫酸、硝酸，成为被人们称为"空中死神"的酸雨、酸雾，直接危害人体健康。发生于 1952 年伦敦烟雾事件的元凶就是酸雨、酸雾，这起严重的大气污染事件造成万余人丧生。能源危机和环境污染使人类猛醒，需要寻找替代矿物燃料的新能源。特别是温室气体带来的环境污染，产生了对新能源的迫切需求，许多国家和地区广泛开展了新能源的研究。新能源种类很多，有核能、太阳能、风能、生物质能、地热能、海洋能和氢能。

在众多新能源中，人们发现，新能源中蕴藏量最丰富、最有潜力的是氢能。氢能作为一种新能源越来越被人们所重视。

氢很轻，容易燃烧，但不便携带。要有效利用氢能，就要解决氢的储存和运输问题，否则氢能就无法利用。而且，氢的储存、运输必须在经济和安全上可行。为此，世界各国科学家、能源专家投入大量的时间和精力，从事氢的储存、运输技术研究，已经开发应用多种氢的储存、运输技术。

人们对氢能有不同理解，一是氢原子核能，指氢原子在高温高压下，聚变成一个氦原子时所释放的巨大能量，那属于核能范围；二是氢燃烧所释放的化学能。我们通常所说的氢能就是指氢的化学能，它是通过氢气和氧气反应所产生的能量。氢燃烧时与空气中的氧结合生成水，不会造成污染，而且放出的热量是燃烧相同质量汽油放出热量的 2.8 倍。

氢能作为一种新能源开发和利用的历史很短。20 世纪 50 年代以后，氢能被应用于航天事业，作为航天飞行器的动力源。1969 年 7 月 16 日，美国"阿波罗"号飞船登月成功就有氢能源的一份功劳。氢能在军事上的应用是制造核武器，氢弹是一种威力巨大的核武器，它利用氢的原子核聚变反应释放出巨大的原子核能。这种形式的氢能应用，是对人类安全的一种威胁，遭到全世界人民的反对。

氢能要得到广泛应用，其途径是发电。氢能发电是指用氢作载能体来产生电力。氢能发电方式有两种，一是利用氢气和氧气燃烧，产生蒸汽发电；二是利用氢燃料电池，即利用氢和氧或空气直接经过电化学反应而产生电能。世界上首座氢能发电站于 2010 年 7 月 12 日在意大利正式建成投产。

氢能发电最能激动人心的莫过于核聚变发电，是指氢及氢的同位素发生核聚变反应释放出巨大核聚变能，再通过一套热机装置转换为机械能，进而转换为电能。国际热核实验反应堆将在法国南部建设，它将成为世界上第一个产出能量大于输入能量的核聚变装置，使人们对核聚变发电产生了希望。

氢能源作为一种新能源应用的领域还有汽车市场。氢能汽车是以氢为主要能量作为动力的汽车。

氢能汽车有两种：氢能燃料汽车和氢能燃料电池汽车。氢能燃料汽车是以氢能为燃料，在引擎中直接燃烧获得动力，其优点是引擎效率较高。氢能燃料电池汽车是以燃料电池代替原来的汽车引擎，利用氢化学反应产生电力，以电力为汽车动力。氢能汽车的出现，成为氢经济发展的发动机，促进了氢经济的发展。

由于氢能是通过氢气和氧气进行化学反应所释放的化学能，氢燃烧的产物是水，不会产生温室气体，不会污染环境。所以，氢能是一种清洁能源，是一种极为优越的新能源，它的生产几乎完全不依赖于化石燃料。氢能又是联系一次能源和能源用户的中间纽带，它转化为电能，就可以方便地进入千家万户，为氢能源的应用开辟了广阔前景。所以，氢能在 21 世纪有可能成为一种举足轻重的二次能源。

氢能源的推广和应用，可以促进全球经济发展，人类将会迎来一个崭新的氢经济时代。氢经济的曙光已经出现在地平线处，它正在向人类招手，人类社会正在大步走向氢经济时代。有专家预测，21 世纪将是氢能的世纪，氢能作为一种新能源将会被广泛运用。让我们伸出双手，迎接氢经济时代的到来！

氢能源应用领域广阔

第一章
氢和氢能

氢元素在化学元素周期表中名列第一，它的原子是所有原子中最小的。氢在地球上存在于水和各类碳水化合物中，而地球又是一个"水球"，地球表面约 71％ 被水覆盖着，所以，氢是地球上最丰富的元素。

氢还是宇宙中分布最为广泛的物质，地球所在的太阳系中的恒星——太阳就是由氢及其同位素氕、氘、氚组成的。

氢能是通过氢气和氧气进行化学反应所产生的能量。氢能是氢的化学能，是人类所期待的一种清洁的二次能源，可以再生。科学家预测，到 21 世纪中叶，氢能有可能成为广泛使用的燃料之一。

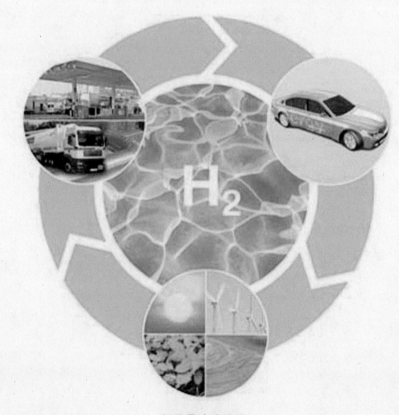

氢能是清洁能源

第一节　氢元素的发现

氢是自然界中最丰富的元素，但是，由于氢原子最小，性质又活泼，它在自然界中不能单独存在，地球上的氢都是以化合物形式存在的。

氢看不见，又摸不着，怎么会被人类发现呢？

一　卡文迪许的发现

在古希腊时代，人们认为宇宙间只存在火、气、水、土四种元素，它们组成万物。一直到18世纪70年代，人们一直认为水是一种元素。

16世纪时，瑞士的一位医生就曾经发现铁屑和强酸接触会产生可燃的气体。当时，人们普遍认为空气是一种气态的元素，其他气体则被认为是含杂质的不纯的空气气体。所以，这位瑞士医生没有对他的发现作进一步研究。

17世纪时，又有一位医生发现了氢气，但他不以为然。那时人们的智慧被一种虚假的理论所蒙蔽，认为不管什么气体都不能单独存在，既不能收集，也不能进行测量。这

科学家卡文迪许

位医生认为氢气与空气没有什么不同，它存在于空气中，收集不到，很快就放弃了研究。

1766 年的一天，喜欢亲自动手做实验的化学家卡文迪许正在做实验，他不小心把一块铁片掉进了盐酸中，突然发现盐酸溶液中有气泡产生。

气泡是从哪儿来的呢？

卡文迪许爱思考，他认真地想着：铁片掉进了盐酸中怎么会产生气泡？气泡里显然有气体存在！这气体原本是存在铁片中的呢，还是存在于盐酸中呢？气泡里的气体可不可以收集呢？

卡文迪许是位认真的科学家，他做了多次实验，并且用物理的方法收集了这种气体，发现这种气体不能帮助蜡烛燃烧，也不能帮助动物呼吸，如果把它和空气混合在一起，还会爆炸。后来，卡文迪许测出了这种气体的比重，接着又发现这种气体燃烧后的产物是水。

卡文迪许在做实验

卡文迪许在实验室里的发现是化学史上的重要发现，正是他的发现，使得性质活泼的氢进入了人们的视野。

二　错失的机会

现在，大家都知道，卡文迪许发现的新气体是氢气。他只需对外界宣布他发现了一种新元素，并给这个新元素进行命名，就大功告成了。可惜，卡文迪许没有这样做，错失了给新元素命名的机会。因为他当时相信"燃素说"，坚持认为水是一种元素，不认为自己发现了一种新元素。

1766 年，卡文迪许向英国皇家学会提交了一篇研究报告《人造空气实验》，详细地叙述了这种"人造空气"，即氢气的特性。

卡文迪许通过实验发现，把等量的锌分别投到充足的盐酸和稀硫酸中，所产生的气体量是固定不变的。这说明这种气体的产生与所用酸的种类没有关系，与酸的浓度也没有关系。

卡文迪许又对"可燃空气"进行了研究，发现这种"可燃空气"与空气混合后点燃会发生爆炸；又发现它与氧气化合生成水，从而认识到这种气体的物理性质、化学性质和其他已知的各种气体都不同。

由于卡文迪许和同时代许多科学家一样，信奉"燃素说"。按照他的理解：这种气体燃烧起来这么剧烈，一定富含燃素，金属也是含有燃素的。所以他认为这种"可燃空气"是从金属中分解出来的。

但是，卡文迪许毕竟是科学家，他尊重科学，通过实验和精确研究，证明氢气是有质量的，只是比空气轻很多，氢气的比重只是空气的 9%。可惜的是卡文迪许和当时的一些化学家一样，不肯轻易放弃"燃素说"，仍坚持认为水是一种元素，氧是失去燃素的水，氢则是含有过多燃素的水。

你知道吗

燃 素 说

"燃素说"是三百年前的化学家们对燃烧的一种假设，他们认为在燃烧过程中，燃素从可燃物中飞散出来，与空气结合，从而发光发热。易燃物是极富燃素的物质，所以它们燃烧起来非常剧烈；而石头一类非易燃物不含燃素，所以不能燃烧。物质发生化学变化，也可以归结为物质释放燃素或吸收燃素的过程。直到 18 世纪 70 年代，氧气被发现之后，燃烧的本质终于真相大白，"燃素说"才退出了历史舞台。

三 拉瓦锡的贡献

法国化学家拉瓦锡

发现氢是一种新元素并给它正式命名的是法国化学家拉瓦锡，他是近代化学的奠基人之一，也是"燃烧的氧学说"的提出者。

1782年，拉瓦锡重复了普利斯特里和卡文迪许的实验，并用红热的枪筒分解了水蒸气，明确提出了正确的结论——水不是元素，而是氢和氧的化合物，纠正了两千多年来把水当做元素的错误概念。

1787年，拉瓦锡正式提出氢是一种元素，他把过去被人称作"易燃空气"、"可燃空气"的这种气体命名为"H-ydrogen"（氢），意思是说它是一种能产生水的物质，并确认它是一种新元素。

拉瓦锡在化学科学领域最重要的贡献是他准确地描述了最重要的气体氧、氮和氢的作用，首先提出了燃烧原理，确认燃烧是氧化的化学反应，即燃烧是物质同某种气体的一种结合。拉瓦锡为这种能帮助燃烧的气体确立了名称，即氧气，意思是说它是一种能生成酸元素的物质。

拉瓦锡是具有创新意识的科学家，他抛弃了当时流行极广的"燃素说"，提出了"燃烧的氧学说"。拉瓦锡之所以能提出"燃烧的氧学说"，与他对氢和氧这些新元素的作用有清晰的认识有关。

氢作为一种新元素就这样被法国化学家拉瓦锡所发现和命名。

第二节 实验室里的"魔术师"

氢在地球上是那么丰富，可是，几千年来人们却没有发现氢气的存在。直到 17 世纪时，人们才发现了氢气。当人们最早接触氢气时，它像一位魔术师在人们面前变着魔术：把铁屑投入强酸中，会产生可燃的气体，还能爆炸，让人目瞪口呆。

氢气为什么难以发现？氢气为什么会成为实验室的"魔术师"呢？

一 独特的个性

氢气之所以难以发现，是由它独特的物理性质和化学性质决定的。

氢是化学元素周期表中的第一个元素，它具有最简单的原子结构。它由一个带正电荷的原子核和一个在轨道上运转的带负电荷的电子构成。氢有独特的个性就是与其原子结构有关。氢原子的半径特别小，容易失去电子。氢具有低的电负性，只有在与失电子能力更强的金属反应时它才会生成负离子。

氢是无色、无味、无毒的气体，是世界上已知的最轻的气体。在标准状况下，1 升氢气的质量是 0.0899 克，它的密度只有空气的 $\frac{1}{14}$。在各种气体中，氢气的密度最小，能在空气中飘浮。由于氢气难溶于水，因此，可以用排水集气法收集氢气。

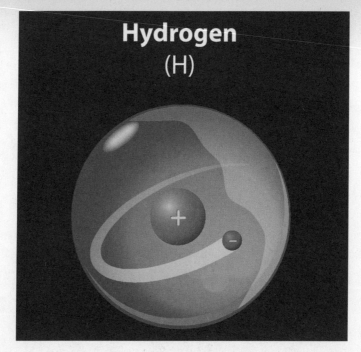

氢原子结构

氢气在101kPa的压强下，温度为−252.87℃时，可转变成无色的液体；要是温度降到−259.1℃时，或压力增大到数百个大气压时，液氢就可变为雪状固态氢。

虽然氢气无毒、无腐蚀性，但氢气轻，渗透性好，特别是对于橡胶一类物质渗透能力强。灌好的氢气球，过了一夜，第二天就飞不起来了，这是因为氢气的渗透能力强，它能钻过橡胶上肉眼看不见的小细孔，溜之大吉。

在高温、高压条件下，氢气的渗透能力更强，甚至可以穿过厚厚的钢板。钢铁在冶炼过程中，如果氢原子混进了钢板中，潜伏起来，成为"氢气泡"，那就麻烦了，它会像定时炸弹一样，在外力作用下跑出来，使钢脆裂，这种现象称为"氢脆"。钢质构件要是发生了"氢脆"现象，就会出现安全事故。

由于氢原子核内只有一个带正电荷的质子，1869年，俄国化学家门捷列夫在整理化学元素周期表时，把氢列在第一位，原子序数为1。

你知道吗

电 负 性

电负性，又称为相对电负性，是元素的原子在化合物中吸引电子能力的标度。元素电负性数值越大，表示其原子在化合物中吸引电子的能力越强；反之，电负性数值越小，相应的原子在化合物中吸引电子的能力越弱。

二 奇特的化学性质

氢善变，像位魔术师。氢之所以会成为实验室的"魔术师"，那是由它特定的化学性质决定的。

氢位于元素周期表的第一位，原子序数为1。由于氢容易起化学反应，因此不能以元素的单质形态存在。氢很容易失去电子，提供给其他元素。氢与氧结合成水，与氮反应生成氨，还可以与碳结合生成有机碳化合物。所以，氢只能以化合物形式存在于自然界。

但是，在常温下，氢气的性质很稳定，不容易跟其他物质发生化学反应。当外界条件改变时，如点燃、加热、使用催化剂等，情况就不同了。氢气被钯或铂等金属吸附后具有较强的活性，其中，金属钯对氢气的吸附作用最强。

氢可以参与许多类型的化学反应。

氢具有还原性，可夺取一些金属氧化物中的氧，可作还原剂使用。氢气可与许多活泼金属发生还原反应。氢原子在酸性溶液中通过氧化还原反应，将它的电子给更活泼的金属，使该金属从其氧化物中还原出来，如可以把铁从氧化铁中还原出来。

在高温条件下，氢气可将许多金属氧化物中的金属置换出来，使金属还原。例如，氢气与氧化铜反应，实质是氢气还原氧化铜中的铜元素，使氧化铜变为红色的金属铜。在这个反应中，氧化铜失去氧变成铜，氧化铜被还原了，即氧化铜发生了还原反应。根据氢气的还原性，可以用于冶炼某些金属材料。

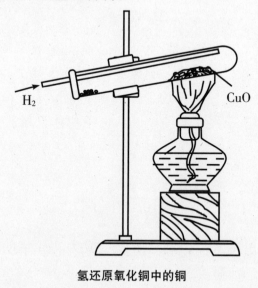

氢还原氧化铜中的铜

　　氢又可作氢化剂，在高温和催化剂条件下，氢分子添加到不饱和有机分子中去，进行加成反应。氢气与有机物的加成反应也体现了氢气的还原性。所谓加成反应是一种有机化学反应，发生加成反应后，一般是两个分子反应生成一个分子，相当于无机化学的化合反应。

　　氢还可作结合剂，氢原子和其他元素结合，形成氢化物。如氢和氧结合，形成水；氢和氮结合，形成氨。氢和氧或空气中的氧气，在一定条件下，可以发生剧烈的氧化反应，即燃烧，释放出大量的热能。氢能就这样被释放出来。

三　氢的高燃烧性

　　氢具有可燃性，纯氢的引燃温度为 400℃。氢气燃烧时可以看到淡蓝色火焰，要是在实验室里看到的是黄色火焰，那是由于玻璃做的导管中存在钠离子 Na^+ 的缘故。

　　氢气在空气中的燃烧，实际上是与空气中的氧气发生反应，生成水，反应的化学方程式为 $2H_2 + O_2 \xrightarrow{\text{点燃}} 2H_2O$。

氢气在燃烧

氢的热值高，氢燃烧时有大量热量放出，燃烧时释放的热量是相同质量汽油的 2.8 倍。所以，氢可作为高能燃料，应用于航天、焊接、军事等方面。氢燃料最先在火箭上使用，现代火箭就是用液氢作燃料的。

氢燃烧时有时会发生爆炸。纯的氢气燃烧时不会发生爆炸；不纯的氢气遇火点燃时，会发生爆炸。氢气和氧、一氧化碳及空气混合均有爆炸危险。发生于 1936 年 3 月的"兴登堡"号飞艇空难事故，就是由于飞艇降落时排放的氢气被火花点燃，引起大火而被烧毁。

氢气爆炸有一个极限，当空气中所含氢气的体积在这个极限范围内时，点燃就会发生爆炸，这个体积分数范围叫爆炸极限。

用试管收集氢气，将试管口靠近火焰，如果听到轻微的"噗"声，表明氢气是纯净的。如果听到尖锐的爆鸣声，表明氢气不纯，这时需要重新收集和检验。如用排气法收集，则要用拇指堵住试管口一会儿，使试管内可能尚未熄灭的火焰熄灭，然后才能再收集氢气。收集好后，用大拇指堵住试管口移近火焰，看是否有"噗"声，直到试验表明氢气纯净为止。

你知道吗

热 值

热值又称卡值或发热量，表示单位质量的燃料完全燃烧时所放出的热量。通常用热量计。1千克（或1立方米）某种燃料完全燃烧放出的热量称为该燃料的热值。热值反映了燃料燃烧的特性，即不同燃料在燃烧过程中化学能转化为内能的本领大小。

第三节　无处不在的氢元素

宇宙中什么元素含量最多？

氢！氢元素是宇宙中含量最丰富的元素，约占宇宙质量的75％。在地球上，也分布着大量的氢。氢是宇宙中储量最丰富的元素，相对含量超过80％，在地球上的储量排名第三。可以这样说，氢元素是自然界最丰富的元素，无处不在！

一　宇宙中的氢

宇宙中最丰富的元素就是氢，太阳系中的恒星——太阳是由氢及其同位素氕、氘、氚组成的。

宇宙中的原始氢气从哪里来呢？

宇宙中的原始氢气产生于宇宙大爆炸瞬间，由原始粒子形成。也就是说，宇宙诞生的时候，原始氢气就出现了！

原始氢气大部分分布在宇宙空间内和大的星体中，它是恒星的核燃料，是组成宇宙中各种元素及物质的初始物质。

地球上没有原始氢气，因为地球的引力束缚不了它，只有它的化合物。地球上的氢广泛地存在于诸多化合物中。

太阳在宇宙运行过程中，在其外部存在一个由氢聚集的高温气团，人们称它为"氢墙"。宇宙中不仅太阳有"氢墙"，其他恒星也存在"氢墙"。有天文学家发现，位于太阳系附近的两颗恒星，也有类似的"氢墙"，其气团中的温度更高，为太阳"氢墙"的2～3倍。

科学家们用"伽利略"号木星探测器进行木星探测活动，发现木星上有大量的氢存在。天文学家惊讶地发现，在木星大气下，有一个浩瀚的海洋，这个海洋是由液态氢构成的，温度高达5000℃。

奇怪的是木星海洋里的液态氢不会蒸发，在液氢层下面还有一层奇特的金属氢。这层金属氢是由液氢在几百万个大气压的高压力下形成的，可以导电。

在宇宙中的其他星球周围，天文学家发现有氢云。

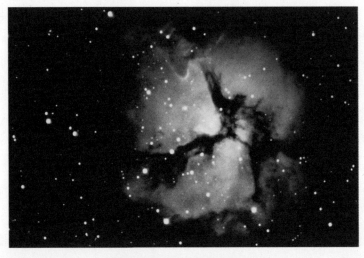

星系内氢原子发射出的光芒

二　地球上的氢

人类的家园地球也存在着大量的氢。从天上到地下，无论你是面对浩瀚的大海，还是走进广袤的森林，或者独步广阔的田野，到处都能发现氢元素的存在。

自然界中的氢元素蕴藏在哪里呢？

氢元素不是以单质形态存在于地球上的，自然界中的氢元素蕴藏在水、化石燃料、生物体内，而且是以氢氧化物、碳氢化合物和其他氢化合物形式出现。

自然界中氢化合物无处不在，常见的典型氢化合物有四种。

一是氢氧化合物，是氢和氧的化合物。水就是由氢、氧两种元素组成的无机物，在常温常压下为无色无味的透明液体。水是地球上最常见的物质之一，是包括人类在内所有生命生存的重要资源，也是生物体最重要的组成部分。水在生命演化中起到了重要的作用。植物体内除了存在水外，还存在过氧化氢等。

二是碳氢化合物，是碳和氢两种元素组成的有机化合物，又叫烃。烃的种类很多，结构已知的烃在 2000 种以上。"烃"是化学家发明的字，就是用"碳"的声母加上"氢"的韵母合成一个字，用"碳"和"氢"两个字的内部结构组成字形。烃是所有有机化合物的母体，可以说所有有机化合物都不过是用其他原子取代烃中某些原子的结果。碳氢化合物来源于石化燃料煤、石油和天然气等原始天然气混合物。沼气的主要成分是甲烷 CH_4 和硫化氢 H_2S 等，甲烷也是一种碳氢化合物。

三是碳氢氧聚合物，包括只有碳、氢、氧组成的无机物和有机物，如组成生物体的蛋白质和糖类等是有机物。

四是酸类，氢常以草酸盐形式存在于植物如伏牛花、羊蹄草、酢浆草和酸模草的细胞膜中，几乎所有的植物都含有草酸钙。

氢可以说完全不是以单质形态存在于地球上，可是太阳和其他一些星球上则全部是由纯氢构成。这种星球上发生的氢热核反应发出的热光普照四方，温暖了整个宇宙，成为各个星球上能源的主要供应者。

三 氢的"哥儿们"

地球上的氢不是独生子，它有一些"哥儿们"，它们以氢的同位素形式存在于自然界中。

氢有三种同位素：氕，音 piē，符号 H；

氘，音 dāo，符号 D；

氚，音 chuān，符号 T。

在这三种氢的同位素的核中分别含有 0、1 和 2 个中子，它们的质量数分别为 1、2、3。

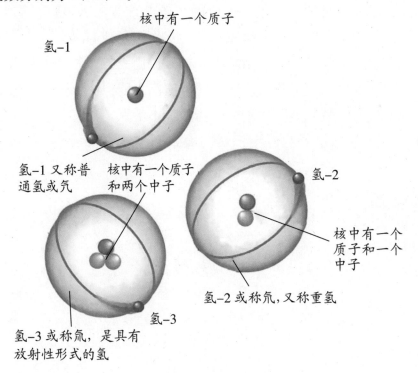

氢的三种同位素

氕是氢的天然同位素，氢的"小哥"，自然界中氕的相对丰度最大，原子百分比占 99.98%。

氢的同位素氘是氢的"大哥",又名重氢,在常温常压下为无色、无嗅、无毒的可燃性气体,是普通氢的一种稳定同位素。它在重水中占 $0.0139\%\sim0.0157\%$。其化学性质与普通氢完全相同,但质量大些,反应速度小一些。

氘的质量数为2,原子核中有一个质子和一个中子,常温下为气体,沸点为 $-249.7℃$,熔点为 $-254.6℃$,都高于普通氢,但活动性比普通氢差。氘是氢的较重形式,能氧化成重水。重水是某些核反应堆的缓释剂,制造核反应堆离不开重水。重水渗透压不同于常水,对人体有害。重氢主要存在于重水中,通过电解重水,或通过重水跟锌、铁、钙进行化学反应可以制得重氢。要是将液氢加热,氕先蒸馏出来,余下的就是氘。

氚也是氢的天然同位素,是氢的"老大哥",又名超重氢。大气中高能量的宇宙辐射与氮和氧原子的相互作用生成氚。当氚在空气中被氧化成水后,就参与到水循环中。氚可以用高能氘核轰击氘化合物得到。氘和氚可以发生热核反应,释放出巨大能量。

别看氢的"哥儿们"数量少,而且也不活跃,可它们一旦发生热核反应,释放出的能量真让人不敢小觑。

你知道吗

同 位 素

同一种元素的原子具有不同的质量数,这些原子互称为同位素。它们在元素周期表上占有同一位置,其化学性质几乎相同,但原子质量或质量数不同,所以,它们的放射性转变和物理性质有所差异。同位素的表示是在该元素符号的左上角注明质量数。质量数产生差异的原因是原子核中含有不同数目的中子。

第四节 氢能源

宇宙中的氢能以氢热核反应释放热和光，普照四方。地球上的氢能以新能源面貌与人类相见，这是人类的福音。氢能将是未来社会极重要的能源，给人类社会带来灿烂的未来。

一 什么是氢能

什么是氢能？

百度百科上给出了两个不同定义：其一，氢能是氢原子在高温高压下聚变成一个氦原子时所产生的巨大能量；其二，氢能是燃烧氢所获取的能量。

两个定义都没有错，但它们适用的范围不同。宇宙中的氢能是以氢原子在高温高压下聚变反应，即氢热核反应，释放热和光，向四周辐射，太阳能实际上就是太阳进行氢热核反应释放的能量。而地球上的氢能，在可预见的将来，是通过氢气燃烧释放能量，包括从中获得热能和电能。自然，人们也期望通过氢热核反应得到氢能。

我们通常所说的氢能是指氢的化学能，是氢气和氧气反应所产生的能量。氢燃烧时与空气中的氧结合生成水，不会对周围环境造成污染，是一种清洁能源。而且，氢燃烧放出的热量是燃烧同质量的汽油放出热量的 2.8 倍。

人们所要开发、利用的氢能是通过氢气和氧气反应所产生的化学能。由于地球上的氢气具有高挥发性、高能量的特征，氢可以作为能源载体和燃料。同时，氢在工业生产中也有广泛应用，可以作为一种工业原料。

氢能是一种二次能源，在 21 世纪有可能在世界能源舞台上成为一种举足轻重的能源。它又是一种清洁能源，是一种极为优越的新能源，是联系一次能源和能源用户的中间纽带。

由于二次能源中电能一类过程性能源无法在现代交通运输工具中直接应用，只能采用像柴油、汽油这一类含能体能源。而作为二次能源的汽油和柴油的生产几乎完全依靠化石燃料。随着化石燃料耗量的日益增加，其储量日益减少，终有一天会枯竭，这就迫切需要寻找一种不依赖化石燃料、储量丰富的新的含能体能源。

氢能正是一种在常规能源危机时出现的一种新能源，也是人们在开发二次能源时所期待的新的二次能源。

氢能是人们期待的一种新能源

你知道吗

一次能源

一次能源是指直接从自然界提取、未经过加工转换的各种能量和资源。按照是否可以循环再生又分为再生能源和非再生能源两大类。前者包括太阳能、水力、风力、生物质能、波浪能、潮汐能、海洋温差能等；后者包括煤、原油、天然气、油页岩、核能等。非再生能源是不能再生的，用掉一点便少一点。

二次能源

二次能源是指由一次能源经过加工转换以后得到的能源，如：电力、蒸汽、煤气、汽油、柴油、重油、液化石油气、酒精、沼气、氢气和焦炭等。在生产过程中排出的余能，如高温烟气、高温物料热，排放的可燃气和有压流体等，亦属二次能源。一次能源无论经过几次转换所得到的另一种能源，统称二次能源。二次能源又可以分为过程性能源和合能体能源，前者如电能，后者如汽油和柴油。

二 氢能有哪些优点

氢能之所以能作为一种新的二次能源，是由于氢气特有的优点决定的。氢作为新能源的主要优点有：

一、氢燃烧热值高。除核燃料外，氢的发热值比所有化石燃料、化工燃料和生物燃料都高，约为汽油的 2.8 倍、酒精的 3.9 倍、焦炭的 4.5 倍。

二、氢是极好的传热载体。氢气的导热性最好，比大多数气体的导热系数高出 10 倍，因此在能源工业中氢是极好的传热载体。氢燃烧性能好，点燃快，与空气混合时有广泛的可燃范围，而且燃点低，燃烧速度快。

三、氢气燃烧后的产物是水，不会污染环境，氢能的应用可降低全球温室气体的排放量，减少大气污染。氢本身无毒，与其他燃料相比，氢燃烧时最清洁，除生成水和少量氨气外不会产生诸如一氧化碳、二氧化碳、碳氢化合物、铅化物和粉尘颗粒等对环境有害的污染物质。少量的氨气经过适当处理也不会污染环境，而且燃烧生成的水还可继续制氢，反复循环使用。所以，氢能是世界上最干净的能源，是一种清洁能源。

四、氢可以以气态、液态或固态的氢化物出现，能适应贮运及各种应用环境的不同要求。氢能利用形式也多种多样，既可以通过燃烧产生热能，在热力发动机中产生机械功；又可以作为能源燃料直接用于燃料电池。而且，氢能和电能可以方便地进行转换，氢能通过燃料电池转变成电能，电能可以通过电解转变成氢能。

五、氢气资源丰富。氢是自然界存在最普遍的元素，除了空气中含有少量氢气外，它主要以化合物的形态贮存于水中，而水是地球上最广泛的物质。氢气可以由水制取，而且燃烧生成的水还可继续制氢，反复循环使用。

由于氢气具有上述优点，因此是一种理想的新的合能体能源。氢能可成为一种可持续能源供应，服务于各国本土经济，消除各国之间的不平衡贸易。

三　呼唤技术突破

尽管氢能具有许多优点，是一种理想的新的合能体能源。但是，氢能至今没有得到广泛应用，要使氢能得到大规模的商业应用还有许多关键问题需要妥善解决。

首先，制氢效率很低，成本又很高。氢气是一种二次能源，它的制取需要消耗大量的能量，而目前制氢效率很低。要大规模使用氢能源，就要找到高效率、低成本的制氢技术。因此，寻求大规模的廉价的制氢技术是各国科学家共同关心的问题。

第二，氢贮存和运输中的安全问题。由于氢气易气化，着火点低，使得氢气易发生爆炸。要是在户外使用，由于氢气易挥发和扩散，问题不大。但是，在通风不畅的环境中，要是存在火花，容易发生爆炸。因此，如何妥善解决氢的贮存和运输安全问题也就成为开发氢能的关键。

第三，氢的贮存和运输问题。氢的贮存方式多样，可以以气态、液态或金属氢化物形式贮存。但是，气态氢气体积大，贮存和运输时必须进行压缩，成为液氢或金属氢化物。由于液氢的密度小，只有石油密度的 $\frac{1}{3} \sim \frac{1}{4}$，因此，在等质量的情况下，贮存压缩氢气或液氢的容器体积要比贮存石油的大得多。由于氢溶解金属能力强，以氢化物形式贮存氢是合适的选择。但是，储氢材料用过几次后会变脆弱，无法再使用。

由此可见，要使氢能得到推广和广泛应用，必须使氢能源技术和设备，包括制氢技术、贮存方法、运输设备和储氢材料有所突破。只有氢能源技术有所突破，氢能才能在世界能源舞台上成为一种举足轻重的二次能源。

氢运输车

第二章
氢的制备

氢是自然界最丰富的元素之一，但是天然的氢在地面上却很少有，所以只能依靠人工制取。通常制氢的途径有：从丰富的水中分解氢；从大量的碳氢化合物中提取氢；从广泛的生物资源中制取氢；利用微生物生产氢；等等。

目前世界上制氢技术通常分为两大类：一类是电解水制氢，需要消耗电能；另一类是从其他一次能源转化制氢，主要是以化石燃料煤、石油、天然气为原料，在高温下与水蒸气发生反应，制得氢。

第一节　实验室制氢

氢性质活泼，是一个患有"多动症"的化学元素。它参与了许多类型的化学反应，能进行氧化反应，可作还原剂，又可作氢化剂，还可作结合剂，形成氢化物。所以，在化学实验室里常常可以看到它的身影。

化学实验室里需要氢气这位"魔术师"，它能帮助完成化学实验。实验室里氢气可以通过专门的仪器制得。

一　启普和启普发生器

荷兰人启普是 19 世纪初的一位药物商人，他稍通化学知识，根据前人制取硫化氢气体的简易装置，他设计、制作出一种可以随时使反应发生或停止的气体发生装置。后人为了纪念他，将这种气体发生装置叫做启普发生器。

启普发生器由球形漏斗、容器和导气管三部分组成。启普发生器一直沿用到今天，基本上没有改型。

启普发生器最初使用时，将仪器横放，把锌粒由容器上插导气管的口中加入，然后放正仪器，再将装导气管的塞子塞好。接着由球形漏斗口加入稀硫酸。使用时，扭开导气管活塞，容器内压强与外界大气压相同，球形漏斗内的稀硫酸在重力作用下流到容器的底部，再上升到中部跟锌粒接触而发生反应，产生的氢气从导气管放出。

启普发生器

不用时关闭导气管的活塞，容器内酸液与锌粒继续反应产生的氢气使容器内压强增大，把酸液压回球形漏斗，使酸液与锌粒脱离接触，反应即自行停止。

使用启普发生器制取氢气十分方便，可以自主控制反应的发生或停止。启普发生器是化学实验室中最普通、应用最广的玻璃仪器，它设计上的巧妙，堪称化学仪器中的一绝。

你知道吗

启普发生器

启普发生器是实验室里常用的一种制取氢气的仪器。它是19世纪荷兰人启普发明的气体发生装置。启普发生器用普通玻璃制成，适用于块状固体与液体在常温下反应制取气体。

二　实验室里怎样制得氢气

实验室制氢用的材料是锌与稀硫酸，利用锌与稀硫酸进行化学反应，释放出氢气，其化学反应方程式为 $Zn + H_2SO_4 = ZnSO_4 + H_2\uparrow$。

也可以用锌与稀盐酸反应，但是稀盐酸会挥发出氯化氢气体，而且制得的气体含有氯化氢杂质，所以，一般不用稀盐酸。

实验室制氢也可用铝和氢氧化钠反应制取，其化学反应方程式为 $2Al + 2NaOH + 2H_2O = 2NaAlO_2 + 3H_2\uparrow$。

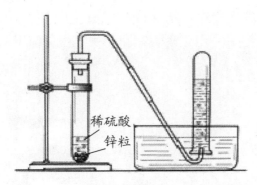

实验室制氢装置

第二节　化石能源制氢

利用化石燃料制氢是现代工业制氢的主要方法，主要是以化石燃料煤、石油、天然气为原料，在高温下与水蒸气发生反应来制得氢。化石燃料制氢是目前大量化工用氢的生产方法，如化肥生产中就以煤在气化炉中燃烧，通过水蒸气发生还原反应，获得氢气。

利用化石燃料制氢的方法工艺成熟，但都以矿石燃料为原料，伴随有能量损失，造气效率不高。这种方法制氢需要消耗大量资源，在经济上和资源利用上不合算，而且又会污染环境。所以，这些制氢方法得到的氢多半是为了得到化工原料，不是为了得到氢能源。

一　天然气制氢

天然气制氢是指利用天然气蒸汽转化装置制氢，是以天然气或由石油热裂的合成气为原料，用水蒸气转化，制取富氢混合气。它的生成物主要是氢，副产物是一氧化碳和二氧化碳。

天然气制氢装置

天然气制氢有两个步骤：第一步是天然气脱硫，是指在一定的压力和温度下，将原料天然气或合成气通过氧化锰、氧化锌等脱硫剂，将其中的有机硫、无机硫脱至允许水平。第二步是烃类的蒸汽转化，方法是以水蒸气为氧化剂，在镍催化剂作用下，发生化学反应，生成富氢混合气。这两个化学反应的总热效应为强吸热，其热量通过燃烧天然气或合成气提供。

天然气制氢工艺过程有两类：一类是天然气蒸汽转化制氢；另一类是天然气部分氧化法制氢。

天然气蒸汽转化制氢生产过程是先将天然气压缩，送入转化炉的对流段进行预热。天然气经过脱硫处理后，与水蒸气混合，再进入转化炉的对流段，被烟气进行间接加热后，再进入反应炉炉管；在催化剂的作用下，发生蒸汽转化反应，生成氢、一氧化碳、二氧化碳和未转化的残余甲烷；再经过废热锅炉回收热量冷却，转化气送入提氢装置，得到纯度不同的氢。

天然气部分氧化法制氢生产过程是在天然气经过压缩、脱硫处理后，与蒸汽混合，预热到 500℃，氧气压缩后，也预热到 500℃。两个气流分别进入反应器的顶部，进行充分混合，发生部分氧化反应。一部分天然气与氧作用生成水和二氧化碳，并释放热量，供在反应器中部发生转化反应所需要的热量。转化气经冷却，再经热量回收，送入提氢装置，得到氢。

天然气制氢工艺适合大规模生产，由石油热裂的合成气和天然气制氢的氢气产量很大，常用于石油化工和化肥厂所需的大量氢气。天然气制氢这种制氢方法被世界上很多国家和地方的化工企业广泛采用。

我国的石油化工基地都是采用天然气制氢工艺制取氢气。

天然气制氢工艺装置要是规模较小时，设备选型困难，热利用率差，相应的生产成本就高。

在石油炼制、煤和天然气脱硫过程中都有硫化氢产生，自然界也有硫化氢矿藏，或伴随地热等的开采也会产生硫化氢，它是一种有害气体，会污染环境。硫化氢也可用来制氢，其方法是利用气相分解法（干法）和溶液分解法，在一定的高温和适当的催化剂作用下可以制得氢，化害为利，综合利用，也不失为一种制氢的好方法。

二　煤气化制氢

煤气化制氢是先将煤炭气化，得到以氢、一氧化碳为主要成分的气体，然后经过一氧化碳变换和分离、提纯，得到一定纯度的氢气。煤气化制氢属于一次能源转化制氢。

煤气化制氢有各种不同的气化工艺，如固定床气化、流化床气化和喷流床气化。煤炭气化制取氢气，这个反应过程可以用下列化学方程式来表示：

$$C+H_2O \xrightarrow{\text{高温}} CO+H_2$$

煤造气工艺流程框图

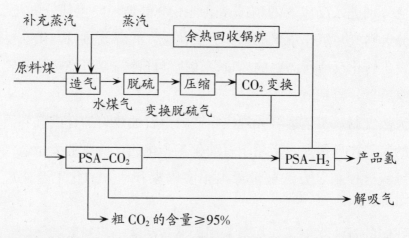

碳被转化成一氧化碳和氢气的反应是吸热过程，需要额外的热量。通过水气转移反应，一氧化碳进一步转化为二氧化碳和氢气。

煤炭气化过程包括三个阶段：热解、气化和燃烧。

在热解阶段，煤炭在气化炉中经历干燥、干馏和燃烧过程。湿煤经干燥变成干煤；干煤经干馏得到煤气、焦油和焦炭。焦炭与气流中的水蒸气、二氧化碳、氢反应，生成可燃性气体。这是一个强烈的吸热反应，需要在高温中进行。

在气化阶段，生成的一氧化碳和水蒸气发生变换反应，产生二氧化碳和氢，正是利用这一变换反应制得氢气。

在燃烧阶段，气化后残留的焦炭与气化剂中的氧进行燃烧。由于碳与水蒸气、二氧化碳之间的反应都是强烈的吸热反应，气化炉必须保持高温，通常采用煤的部分燃烧来提供热量。

煤气化制氢技术成熟，但这个制氢过程比天然气制氢复杂，得到的氢气成本也高。由于世界煤炭储量丰富，煤炭仍将作为一种能源来源，不过还需要进一步开发洁净技术。

从原料资源、能源利用效率以及技术经济等因素综合考虑，煤气化制氢是一种不错的选择。

煤气化制氢装置

日本从 2000 年起，利用煤炭和其他原料制取高纯度的氢气作为燃料电池的原料。目前，日本成功开发的煤气化技术已能把煤炭和其他原料一同反应转换为氢气和甲烷，而且不含硫化物，转换过程中产生的二氧化碳也基本能以纯净的形式得到回收。日本科技人员希望能开发出在较低压力下用煤炭制取氢气的技术，以满足燃料电池的需要。

我国煤炭储量丰富，重视煤气化制氢技术对中国制氢技术的快速发展有非常重要的意义。

煤 气 化

煤气化是指煤与气化剂在一定温度、压强条件下，发生化学反应而转化为煤气的工艺过程。

三 水煤气法制氢

水煤气法制氢是用碳与水蒸气在高温下反应生成氢气和一氧化碳。它是用无烟煤或焦炭为原料与水蒸气在高温时反应而得水煤气，其化学反应方程式为 $C + H_2O \xrightarrow{\text{高温}} CO + H_2$。

水煤气净化后，再使它与水蒸气一起通过触媒令其中的一氧化碳转化成二氧化碳，其化学反应方程式为 $CO + H_2O \xrightarrow{\text{高温}} CO_2 + H_2$。

化学反应过程中所得到的气体含氢量在 80% 以上。把气体压入水中以除去二氧化碳，再通过含氨蚁酸亚铜（或含氨乙酸亚铜）溶液除去残存的一氧化碳，就可以得到较纯的氢气。

用水煤气法制氢成本较低，氢产量很大，但所需生产设备较多，需要消耗大量能源，造气效率不高，并对环境污染较大。从能源利用率角度看，这种水煤气制氢方法以能源换燃料，是得不偿失的，只能用于为获得化工原料的生产企业，如合成氨厂就是用此法制得氢气。

水煤气发生炉

用水煤气法制氢得到的一氧化碳与氢可以进行合成，制得甲醇。还有少数企业把水煤气法制得的氢气中不太纯的气体用来制造人造液体燃料。

水 煤 气

水煤气是煤与水蒸气反应生成的煤气，它是水蒸气通过炽热的焦炭而生成的气体，主要成分是一氧化碳、氢气，燃烧后排放水和二氧化碳，可使热效率提高 20%～40%，功率提高 15%，燃耗降低 30%。所以，水煤气在工业上可用作燃料，又可用作化工原料。

第三节　水解法制氢

地球上水资源丰富，利用水解法制氢原料丰富。所谓水解法，就是把由 2 个氢原子和 1 个氧原子构成的水分子进行分解，使氢和氧分开，得到氢气。

水解法制氢不会污染环境，不影响地球上水的循环。所以，水解法制氢是工业上常用的一种制氢方法。

一　电解水制氢

电解水制氢是工业上常用的一种制氢方法，电解水制氢的方法是将2个相互接近的电极浸没在水中，在两电极间加一个直流电压，使水发生电解反应，从阴极附近产生氢气。

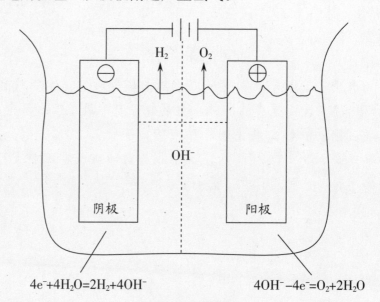

$$4e^- + 4H_2O = 2H_2 + 4OH^-$$ 　　　　$$4OH^- - 4e^- = O_2 + 2H_2O$$

电解水制氢原理图

电解水制氢的工业生产装置是电解槽，多半采用铁为阴极面、镍为阳极面的串联电解槽。

电解槽中，置放电解质。酸、碱、盐溶液都可作为电解质，以增加水的导电性。但是，酸性电解质对电极和电解槽有腐蚀作用，而盐溶液电解质在电解时会产生副产品，所以，电解水制氢用的是碱性电解质，常用的电解质是苛性钾或苛性钠的水溶液。

电解水过程中，在电解槽的阳极上产生氧气，在阴极上产生氢气。

电解水制氢这种方法制氢流程简单，运行稳定，操作方便，不会产生污染。水电解制氢得到的氢气纯度高，可直接生产99.7％以上纯度的氢气，而且工艺成熟，所以得到广泛应用。

电解水制氢装置

电解水制氢法特别适用于氢气纯度要求高的产品，如用作电子仪器仪表工业中的还原剂，制取多晶硅、锗等半导体原材料，也可用作油脂氢化及双氢内冷发电机中的冷却气等。但是，该种制氢方法生产成本较高。

另外，在氯碱工业的副产品中就有较纯的氢气，除供合成盐酸外还有剩余，也可经提纯生产普通氢或纯氢。

你知道吗

电　解

电解是电流通过物质而引起化学变化的过程。电解通常在电解槽中进行，直流电通过电极和电解质，在两者接触的界面上发生电化学反应，以制备所需产品的过程。在电解过程中，电流通过电解质溶液，在阴极和阳极上起氧化还原反应，溶液中带正电荷的正离子迁移到阴极，并与电子结合，变成中性元素或分子；带负电荷的负离子迁移到另一电极阳极，给出电子，变成中性元素或分子。

二　热化学法制氢

热化学法制氢是指通过一系列的热化学反应将水分解为氢气和氧气的过程，它是利用加热水来使水分解，产生氢，这是水解法制氢的一种类型。热化学法制氢需要高温，要使纯水分解需要 2227℃ 以上的高温。在这样高的温度下，要水保持液态，就需要保持很高的压力。

热化学法制氢在工艺上很难做到，突出的技术问题是高温和高压。较为可行的技术方案是利用太阳能聚焦或核反应得到热能。关于核裂变的热能分解水制氢已有各种设想方案，但至今均未实现。人们更寄希望于今后通过核聚变产生的热能制氢。

由于热化学法制氢在工艺上的技术问题难以突破，于是，出现了多步热化学循环制氢。

多步热化学循环制氢，是使用化学物质将水分解工序分为多段，借助多步化学反应配合，构成一个化学循环。这样纯水分解的最高温度可以不超过 1000℃，在循环中使用的化学物质继续循环，使输入为水，输出为氢和氧。

热化学水解制氢装置

化学水解循环发展从 20 世纪 70 至 80 年代就开展了广泛的研究，但在过去一二十年中进展不大。虽然热化学循环制氢在技术可行性和潜在高效率方面不存在问题，但是要降低成本，实现高效循环，还需要进一步努力，需要经过商业化发展。

现在，已经出现几十种热化学水解循环，由于大多数循环的反应性差或产品分离困难，未获成功。其中，太阳能热化学循环制氢，即在水中加入一种或几种中间物，然后利用太阳能加热到一定温度，经历不同的反应阶段，最终将水分解成氢和氧，而中间物不消耗，可循环使用。

三 太阳能电解水制氢

水在化学热力学上是一种稳定化合物，很难分解。但是，水是一种电解质，把太阳能转化为电能，通过电化学过程，可实现用光电分解水制得氢气。

利用太阳能转化为电能来进行电解水制氢，是开发氢能源的一个重要途径。太阳能电解水制氢系统由太阳能电池、电解电极、电解池构成。

太阳能电解水制氢过程分两步：第一步，通过太阳能电池，将太阳能转换成电能；第二步，将电能转换成氢能，构成太阳能光伏制氢系统。由于转换效率低，它不能与传统的电解水制氢系统相比。

太阳能制氢试验工厂

太阳能电解水制氢是目前应用较广且比较成熟的方法，但耗电大，用常规电制氢，从能量利用角度而言得不偿失。所以，只有当太阳能发电的成本大幅度下降后，才能实现大规模电解水制氢。

近年来，太阳能电解水制氢技术发展迅速，出现了光化制氢，利用入射光的能量使水的分子通过分解或水化合物的分子通过合成产生氢气。

在太阳的光谱中，紫外光具有分解水的能量，选择适当的催化剂，可提高制氢效率。因此在太阳能利用的高技术研究中，光化制氢将作为重点。

有的还可将光电、光化转换同时进行，以获得直流电和氢、氧。目前此项技术尽管尚处于实验室研究阶段，但对开辟制氢途径具有很大的吸引力。采用半导体光敏催化剂制氢，潜力很大，其过程是在半导体光敏催化剂的作用下，利用光直接将水分解为氢气和氧气。

半导体光解水技术和传统的技术方法相比，可以提高太阳能-氢气转换效率，降低电解氢成本。半导体光解水系统使光电系统结合电解，这类系统很灵活，使氢能进行商业化利用。目前全球正在开展光电化学材料科学与系统工程的基础和应用研发计划。

四　屋顶太阳能制氢

美国科技人员最新研发的是一种可铺设在屋顶的太阳能制氢系统。在屋顶上安装盛有水和甲醇混合物的真空管，通过太阳照射加温从而产生氢气。这种真空管表层涂有铝和氧化铝，部分真空管中还填充有起催化剂作用的纳米颗粒，制成的氢气没有杂质，所产生的氢能可以储存起来，同时也可以为燃料电池提供能量，更好地发挥了太阳能的用途。

正如其他太阳能系统，这个混合装置的第一过程就是收集太阳能光热，像传统的太阳能光热收集器，不同的是它由一系列涂有铝和氧化铝的

可装在屋顶的太阳能制氢系统

铜管组成，能吸收95％的太阳光，可让真空管的温度最终达到200℃。而传统的太阳能收集器只能将水加温到60～70℃。随着温度的上升并加入少量催化剂，制氢效能很高。氢气随后可以转向燃料电池，既可以为建筑提供电力，也可以将氢气通过压缩储存到容器中，供以后使用。

屋顶太阳能制氢系统比太阳能电解水制氢系统和光催化制氢系统的效率要高。它所产生的氢能随后被储存在不同的电池中，其中，锂电池的储能性最佳。目前，屋顶太阳能制氢装置成本比传统的化石燃料驱动的发电装置贵不少，且成本和能效因为地点不同而有很大差异，系统的成本和效率会因安装位置的不同而有所区别。但是，随着太阳能制氢装置的推广和应用，其生产成本会相应减少。

要是在阳光充沛的地区的屋顶铺设这种太阳能制氢装置，能满足整个建筑在冬季的生活用电需求。而在夏季，屋顶太阳能制氢装置产生的电力甚至还能出现富余。这时，业主可以考虑关闭部分制氢系统或者将多余的电力出售给电网公司。对于边远地区，太阳能制氢装置的价值更可以体现出来。

第四节　甲醇制氢法

目前的电解水制氢工艺由于耗能高，被称为"电老虎"。为了减少化工生产中的能耗和降低成本，出现了制氢新法：甲醇制氢法。

一　什么是甲醇制氢法

甲醇制氢法是利用甲醇蒸汽重整——变压吸附技术，来制取纯氢和富含二氧化碳的混合气体，经过进一步的后处理，可同时得到氢气和二氧化碳气体。

甲醇与水蒸气在一定的温度、压力条件下，在催化剂的作用下，发生甲醇裂解反应和一氧化碳的变换反应，生成氢和二氧化碳。这是一个多组分、多反应的气固催化反应系统，化学反应方程式如下：

$$CH_3OH \xrightarrow{催化剂} CO+2H_2$$

$$H_2O+CO \xrightarrow{高温} CO_2+H_2$$

$$CH_3OH+H_2O \xrightarrow{催化剂} CO_2+3H_2$$

重整反应生成的氢和二氧化碳再经过变压吸附法将两者分离，得到高纯氢气。

工业上利用甲醇制氢有三种途径：甲醇分解、甲醇蒸汽重整、甲醇部分氧化方法。

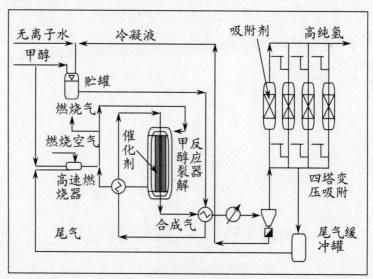

甲醇制氢流程图

甲醇分解制氢，由于一氧化碳含量高，不利于燃料电池的电极反应，所以较少采用。

甲醇蒸汽重整是吸热反应，是甲醇分解和一氧化碳变换反应的综合结果，重整产物经过变压、吸附等净化过程，可得到不同规格的氢气产品。甲醇制氢法由于氢产率高，能量利用合理，过程控制简单，便于工业操作，所以，工业上更多地被采用。

甲醇部分氧化方法，是利用氧气氧化甲醇的放热反应，在催化剂作用下，甲醇分解，水蒸气转化，生成氢和二氧化碳。这种方法制氢可以降低能源消耗，减少成本。

甲 醇

甲醇又称"木醇"或"木精"，是无色、有酒精气味、易挥发的液体。它易挥发、易流动，燃烧时无烟、有蓝色火焰，能与多种化合物形成共沸混合物。

二 甲醇裂解制氢

甲醇裂解制氢是指利用甲醇蒸汽转化法制氢，这是一种新研发成功的制氢工艺。它是在一定温度下，让水和甲醇的混合蒸汽在双功能催化剂的作用下，发生化学反应，制得氢气。

甲醇裂解制氢的生产过程：甲醇和水的混合液经过预热、气化、加热、混合等工艺过程，进入转化反应器。在转化反应器一定的压力和一定温度及特种催化剂的作用下，同时发生甲醇的催化裂解反应和一氧化碳变换反应，使吸热的甲醇分解反应和放热的一氧化碳变换反应同时进行。这样，不仅利用了反应热，节约了能源，同时，甲醇分解产生的一氧化碳，立即与水发生变换反应，生成氢气和二氧化碳，促进了甲醇分解，提高了甲醇蒸汽的转化率。

甲醇裂解制氢的生产设备有甲醇裂解装置和变压吸附装置两部分，包括有导热油炉、甲醇气化裂解设备、变压吸附装置等。

甲醇裂解制氢

甲醇裂解制氢能耗低，降低了氢气生产成本，同时，原料来源方便、自动化程度高、氢气纯度高、安全性能高。所以，该种制氢方法适合中、小规模生产，一般用氢气量较大的化工厂均用甲醇裂解制氢方法制氢。

第五节　生物制氢的奥秘

生物质是一种储量丰富的可再生资源，被称为绿色煤炭。生物质这种绿色煤炭具有易挥发、碳活性高、硫和氮含量低、水分低等优点。所以，生物质能源是一种清洁能源。

但是，生物质在不完全燃烧时，会产生有害的有机物，不仅造成能量损失，还会污染环境，而目前的技术水平又不能让生物质完全燃烧。为此，出现了生物质制氢，把生物能转化为氢能。

生物质制氢是利用植物的光合作用制氢和微生物分解有机物制氢，具体方法有两种，一种是微生物法制氢，另一种是生物质气化制氢。

一 制氢能手——微生物

自然界中氢储量丰富，但不是以单质形态存在的，自然界中的氢元素是以氢氧化物、碳氢化合物和其他氢化合物形式出现。自然界中有些微生物是制氢能手，能把氢化合物中的氢提取出来。

微生物法制氢就是利用某些微生物代谢过程生产氢气的一项生物工程技术。按照产氢生物种类的不同，又分为光合生物制氢和非光合生物制氢两类。

生物制氢装置

光合生物制氢是利用光合细菌或微藻直接把太阳能转化为氢能。能够产氢的光合生物有厌氧光合细菌、蓝细菌和绿藻。它们的特性和产氢的原理各不相同。一些藻类，如蓝藻、绿藻、红藻、褐藻是通过光合作用系统及特有的产氢酶系，把水分解为氢气和氧气。

光合生物制氢产氢速度低，能量消耗高，总体产氢效率低。由于自然界中藻类资源丰富，是光合生物制氢的好材料。现在，科技人员正在努力提高其光能转换效率，增强产氢能力，以便达到工业化生产要求。

非光合生物制氢是利用厌氧细菌或固氮菌，降解大分子有机物，产生氢气。能够产氢的非光合生物有严格厌氧细菌、兼性厌氧细菌、好氧细菌、古细菌类群等。这类非光合生物的本领是能把有机物中的纤维素、淀粉一类可再生能源物质分解出分子状态的氢。

微生物法制氢提供了解决能源问题的新途径。它既可有效地处理废弃物、充分利用资源，又可用来提供氢能源。各种生物体具有自身的优点，利用它们生产氢能受到越来越多的关注。

自然界已发现有类似甲烷菌的制氢菌，只是其菌种繁育不如甲烷菌那样简单。若能建立合适的菌种群落，制造氢气就会像制造沼气一样简单和方便。

二 生物制氢技术

生物制氢的研究始于 20 世纪 70 年代的能源危机。1990 年后，因为对温室效应的进一步认识，生物制氢技术再次引起重视，出现了多种多样的生物制氢技术，有光解水制氢、暗发酵制氢、光发酵制氢、光发酵和暗发酵耦合制氢等。

光解水制氢技术是绿藻及蓝细菌以水为原料，通过光合作用，将水分解为氢气和氧气。蓝细菌和绿藻均可光裂解水产生氢气，但它们的产氢机制却不完全相同。蓝细菌的产氢分为两类：一类是固氮酶催化产氢，另一类是氢酶催化产氢。绿藻在光照和厌氧条件下的产氢则由氢酶催化。

暗发酵制氢技术是厌氧细菌利用碳水化合物等有机物，通过暗发酵作用产生氢气。以造纸工业废水、发酵工业废水、农业废料、食品工业废液等为原料进行生物制氢，既可获得洁净的氢气，又不另外消耗大量能源。

　　光发酵制氢是光合细菌利用有机物通过光发酵作用产生氢气。在精制糖废水、豆制品废水、乳制品废水、淀粉废水、酿酒废水等有机废水中含有大量可被光合细菌利用的有机物成分。光合细菌利用光能，催化有机物厌氧酵解作用来产生氢气。利用有机废水生产氢气要解决污水的颜色、污水中的铵盐浓度、污水中含有的有毒物质等问题。

　　光发酵和暗发酵耦合制氢技术，比单独使用一种方法制氢具有很多优势。将两种发酵方法结合在一起，相互交替，相互利用，相互补充，可提高氢气的产量。

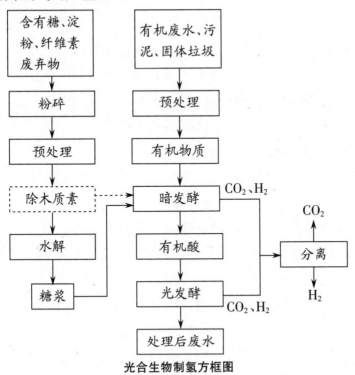

光合生物制氢方框图

　　目前，生物制氢的研究中，提高植物的光合作用效率是突出任务之一，其中除制氧机制外，氢的转换也在其中。

三　一件未来的"家用电器"

也许在不久的将来，每户人家都会有台电冰箱大小的新"家电"，它就是微生物电解池。

这台新"家电"很特别，它只用少量电能，主要是用生物质气化制氢方法制得氢气，获得家庭所需要的能源。这台新"家电"使用方法也特别，只要将生活污水灌进去，经过处理后，三口之家一天的燃气就出来了，可以用来做饭、炒菜、烧热水，而污水则变成了干净的水，安全地排放到下水道。

这不是科幻小说的虚构情节，哈尔滨工业大学市政环境工程学院的生物制氢科研团队已经把微生物电解池模型制造出来了，它利用微生物电解池技术，通过一种存在于生活污水中的耐寒产电细菌，实现了在4℃低温下生物制氢，从而攻克了低温制氢难题。

微生物电解池由池体、阳极、阴极、外电路及电源组成。在阳极上有一层由产电微生物形成的生物膜，这些微生物靠吃污水中的有机物为生。在这些微生物的代谢过程中，电子从细胞内转移到了细胞外的阳极，然后通过外电路在电源提供的电势差作用下到达阴极。在阴极，电子和质子结合就产生了氢气。

微生物电解池巧妙地应用了微生物的"吃喝拉撒"，让它们为人类产生能源。需要说明的是，在自然界中这个微生物电化学辅助产氢过程不是自发的。因为在自然条件下，不存在这样一个完善的电子转移通路。而是科学家创造了先进的生物质气化制氢技术，在特定环境中完成了微生物电化学辅助产氢过程。

生物质气化制氢有许多优点：

一是能量转化效率高。启动微生物电解池所需电能很少，只需给电路提供一个很小的电压就能够克服热力学壁垒产生氢气。微生物电解池的这个特点使得其产生的氢气的能量远大于输入其的电能。

二是可以缓解水的有机物污染。因为该技术选用的微生物十分广泛，从废水中产氢从经济上来讲也是划算的，具有产能和治污相结合的特点。

三是产氢微生物可以在低温时产氢，将绝大多数的有机物完全降解，不会产生新的废物。而且，生物质气化制氢突破传统制氢的温度限制。这样，即便是冬天的北方，只要是在室内，电解池就可以运行，无需另外加热。同时，低温环境有效地抑制了甲烷的产生，从而提高了氢气的转化效率。

早在1990年，哈尔滨工业大学的一个科研小组开展了有机废水发酵法生物制氢技术的研究，并在国际上率先开发出利用生物絮凝体以废水为原料的发酵法生物制氢技术。历经十多年的不懈努力，终于将这一技术升级至工业化应用规模，并开发出成套设备，实现了实验室研究成果向现实生产力的转化。人们有理由期待微生物电解池这台新"家电"在不久的将来进入每个人的家庭。

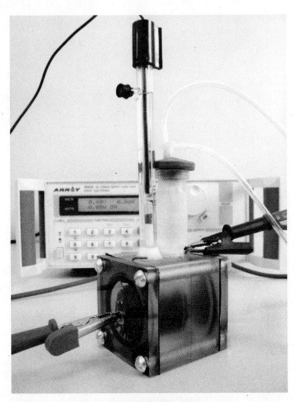

微生物电解池模型

微生物电解池

　　微生物电解池（MEC）是利用微生物作为反应主体，在阴、阳极间施加电流，产生氢气或者甲烷的一种电解池。它相对于微生物燃料电池来说，是其反过程。

第三章
氢的储运

氢很轻，体积大，又容易燃烧，不便携带。要有效利用氢能，就要解决氢的储存和运输问题，否则，氢能就无法利用。特别是氢的储存是氢能规模化应用的基础。为此，世界各国科学家投入大量时间和精力，从事氢的储存、运输技术研究，已经开发应用了多种氢的储存、运输技术。

第一节　物理储氢方法

氢气制备出来后，首先要解决的是储存问题。要是储存问题解决不了，氢能的应用和推广也就无法实现。已经开发和应用的氢储存方法有两类，一类是物理方法储存，另一类是化学方法储存。

物理方法储存有液氢储存、高压气态储存、玻璃微球储存、炭吸附储存、纳米碳管储存等；化学方法储存有金属氢化物储存、有机物储存、无机物储存、氧化铁吸附储存等。

传统储氢方法有两种，一种方法是利用高压钢瓶即氢气瓶来储存氢气，但钢瓶储存氢气的容积小，而且还有爆炸危险；另一种方法是储存液态氢，但液体储存容器非常庞大，还需要极好的绝热装置来隔热。近年来，一种新型简便的储氢方法应运而生，即利用储氢合金（金属氢化物）来储存氢气。

一　高压气态储存

氢是气体，密度又小，要储存氢气，就需要对其进行压缩。高压气态储存法是最普通的贮氢方法。所谓高压气态储存就是把氢压缩后，储存在高压容器内。

　　储存氢气的高压容器种类很多，按形状大小分，有储氢器、储氢罐、储氢瓶。按材质分，有钢质和其他材料。由于氢气的密度小，在高压的情况下可用特制的钢瓶来储存。

　　通常储氢钢瓶需要能承受 1.5MPa 以上的高压，它可以通过减压阀控制氢气的排出和调节排气量的大小。

　　石家庄安瑞科气体机械公司是目前世界上最大的高压储氢瓶生产企业，该公司

储氢钢瓶

自主开发的 45MPa 钢质储氢瓶拥有多项世界之最，一是同压力之中容积最大，达到 500 升以上；二是采用全钢结构，在同材质的容器中，可承受的压力最大；三是在上海世博会期间首次投入商业化使用，这也是世界上高压储氢瓶的首次商业化使用。

石家庄研制成世界上最大的高压储氢瓶

　　储氢瓶也可用轻质材料制造，目前国际上已经有可承受压力达 80MPa 的轻质材料储气瓶。我国已经研制了一种最高工作压力为

70MPa 的车载纤维缠绕高压储氢瓶，有效容积达 15 升，主要技术指标达到国际先进水平。它们可以替代钢瓶储存氢气。

为提高储氢量，科技人员研究了一种微孔结构的储氢装置，它是一种微型球。微型球的壁很薄，充满微孔，氢储存在微孔中。微型球可用塑料、玻璃、陶瓷和金属制成。

作为化工原料，氢的储存压力为 15～20MPa，且储存量很少，所储氢质量只占容器质量的 1％～2％，又处于高压下，所以，高压气态储存法在经济上和安全上不可取。

氢气要是长期储存，可利用山洞、岩洞、废矿洞、地下洞来进行储存。对于固定地点的大量贮氢，可采用地下贮存，比如利用密封性好的气穴，采空的油田或盐窟等。这种方式只花费氢气的压缩费用而不需要贮氢容器的投资，可以大大地降低贮氢的费用，而且比较安全，但是需要找到合适的地质、地理条件和良好的地下封口技术。

MPa （兆帕斯卡）

MPa，兆帕斯卡，是压强单位。

1MPa＝10 个大气压力＝10.3323kg/cm^2，即相当于 10.3323 千克/平方厘米的压力。

二　低温液氢储存

给氢气加压，对体积进行压缩，压力越大，体积越小，便于储存和运输。高压气态氢气只能储存在高压容器内。要是使气态氢变成液态氢，体积不也可以大大压缩吗？不也方便氢的储存和运输吗？

回答是肯定的！在－252.72℃，氢气变成液态氢，即液氢。液氢的密度高，体积大大被压缩。

低温液氢储存在什么容器里呢？

1892 年，苏格兰化学家杜瓦为了储存液态气体，发明了一种特殊的瓶子。这是一个双层玻璃容器，两层玻璃胆壁都涂满银，然后把两层壁间的空气抽掉，形成真空。两层胆壁上的银可以防止辐射散热，真空能防止对流和传导散热。所以盛在瓶里的液体，温度不易发生变化。这种特殊的瓶子被人们称为杜瓦瓶。

杜瓦瓶

但是，玻璃容器易碎，杜瓦对储存液态气体的容器进行了改进。1906 年，杜瓦又发明了金属杜瓦瓶。杜瓦瓶是储存液态气体，进行低温研究和晶体元件保护的一种较理想的容器和工具。金属杜瓦瓶可以储存液氢。储存液氢的金属杜瓦瓶是一种高度真空的绝热容器。

低温液氢储存又称深冷液化贮氢，是指在标准大气压下，将氢气冷冻至−252.72℃，使其变为液体，保存在特制的深冷杜瓦瓶中。

氢在−252.72℃时，变成液态氢。液氢的密度高，体积大大被压缩，用杜瓦瓶或真空绝热容器储存，其容器质量为钢瓶的 $\frac{1}{6} \sim \frac{1}{10}$，容器质量大大减小。液氢质量只有相同体积汽油质量的 $\frac{1}{10}$，但其能量是同体积汽油能量的 $\frac{1}{4}$。氢液化可将体积能量密度提高到超过汽油。

杜瓦瓶的容积和形状可以根据不同需要进行变化。储存液氢的杜瓦瓶容积可以达到 5000 立方米以上，但因造价昂贵而不能普遍使用。

低温液氢储存在绝热容器中。现在出现一种新型储氢绝热容器，它的间壁中充满中空绝热微珠，中间是空心的，表面镀铝微珠混入不镀铝微珠中，可以有效切断辐射传热。由于这种微珠的导热系数极小，颗粒又小，抑制了颗粒间的对流换热。这种新型绝热容器不需真空，绝热效果优于普通真空绝热容器。美国宇航局已广泛采用这种新型绝热容器用来储存液氢，用作火箭燃料。

海船上储存液氢的容器

由于氢的冻结温度仅比液化温度低 6.5℃，所以有人设想用固-液氢混合物来增加储氢密度，通常混入 50% 的固态氢，把液氢和固氢做成浆糊状，称为泥氢。绝热容器可以储存液态氢，自然也可以储存固态氢，但是绝热性能要求更高些。这样，又会催生更新型的绝热容器问世。

三　吸附法储氢

1997 年，美国有人发现单壁纳米碳管可以吸附大量氢气，于是开始了吸附法储氢的研究。人们发现了多种吸附储氢材料，有高比表面积活性炭、石墨纳米纤维、纳米碳管等。

高比表面积活性炭，其表面积大，储氢能力强，吸附的氢也多。在 2～4MPa 和超低温度条件下，高比表面积活性炭的质量储氢密度可达 5.3%～7.4%。但是，超低温度条件限制了它的广泛应用。

石墨纳米纤维是一种切面呈"十"字形，面积为 0.3～5 平方纳米的纤维，它的储氢能力取决于纤维结构及排布。

纳米碳管是一种碳质储氢材料，其结构是由六边形碳原子网络围成无缝、中空的管子，直径从几纳米到几十纳米。根据管壁碳原子层数不同，分为多壁纳米碳管和单壁纳米碳管两种。单壁纳米碳管具有纳米尺度的中空孔道，被认为是一种有潜力的碳质储氢材料。

低温吸附储氢是利用液氮夹套的帮助，使氢气在液氮温度下，在高比表面积的活性炭或活性炭纤维上具有高吸附量，降低氢气的储存压力，提高储氢密度。

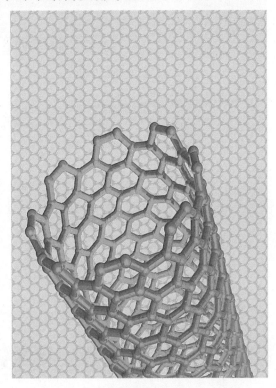

纳米碳管

低温吸附储氢方法是在专门的吸附剂床层上，通过其外围的液氮夹套冷却至液氮温度，液氮夹套外是绝热保温层。吸附剂床层内有金属换热管，充氢时引入液氮冷却，快速放氢时把液氮泄入大气升温。液氮夹套和储氢空间均有安全泄压阀。储氢压力为 2.0MPa 左右，每升容积储氢约 30 克。

利用低温吸附储氢技术制造的吸附贮氢罐的特征在于：罐内填充超级活性炭或活性炭纤维吸附剂，吸附剂外部包液氮夹套，在罐体直径超过 0.5 米时，吸附剂床层中设有与液氮夹套相通的盘管，在液氮夹套外部是防辐射绝热保温层，在吸附剂床层中埋设有换热器，吸附剂床层以及液氮夹套系统的温度和压力状态实现自动调节。

你知道吗

纳米碳管

纳米碳管是管状的纳米级石墨晶体，是单层或多层石墨片围绕中心轴按一定的螺旋角卷曲而成的无缝纳米级管，它有完美的六边形结构，具有异常的力学、电学和化学性能，可作为储氢材料。

第二节　化学储氢方法

由于高压储氢和液氢储存不安全、能耗高、储量小、经济性差等问题，于是出现了化学法储氢。

化学法储氢是利用氢化物循环吸放氢的过程来储存氢，有金属氢化物贮氢和有机液态氢化物贮氢，主要有轻质金属镁、铝氢化物、氨基化合物、硼氢化合物等。

一　金属氢化物贮氢

金属氢化物贮氢是为了解决氢气的贮存问题而出现的一种新型的贮氢方式。

金属氢化物的特点是以氢原子的形式存储于金属中，当它们在外界条件发生变化时，经过扩散、相变、化合等过程，使得存储于金属中的氢原子释放出来。由于氢释放过程中受到热效应和速度的制约，不易发生爆炸，安全性高。

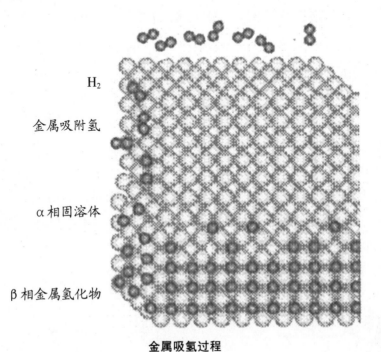

H₂

金属吸附氢

α相固溶体

β相金属氢化物

金属吸氢过程

金属氢化物种类很多，其中轻质金属储氢具有储量丰富、吸放氢量大等优点。金属氢化物在吸氢过程中，首先氢在金属表面解离生成氢原子，氢原子扩散到金属体相中生成固溶体 α 相，随着氢压的增加，α 相转变为 β 相（即氢化物相），氢压进一步增加，吸氢量增加缓慢。

金属氢化物储氢密度比液氢高，这是因为氢化物中氢的浓度极高，所以可通过形成金属氢化物储存氢气。在需要时把金属氢化物储存的氢气释放出来。

用来储氢的金属氢化物要具备以下条件。一是容易活化，吸氢量大。二是有效热导率大，在储氢时，生成热要小；氢释放时，生成热要大。三是吸收和释放氢的速度要快。四是不易粉碎，性能不易退化，能反复使用，而且，对氧和水等杂质有较好的稳定性。

早期的金属氢化物是一种离子型氢化物，它是碱金属与氢发生反应生成的离子型氢化物。氢与氢化物之间可以进行可逆反应，当外界有热量传给金属氢化物时，它就分解为氢化金属并放出氢气。反之氢和氢化金属构成氢化物时，氢就以固态的形式储于其中。离子型氢化物只能存储少量的氢，影响规模化应用。

现在用来储氢的氢化金属大多为多种元素组成的合金。人们发现钛、铌、镁等金属及其合金能像海绵吸水一样将氢贮存起来，形成贮氢金属，而且还可以根据需要随时释放出氢气，大大方便了氢气的贮存、运送和使用。

金属氢化物贮氢存在的问题是贮氢量低、成本高、释氢温度高，在储氢过程中会产生高温氢腐蚀、氢沉淀、氢化物导致脆性问题，制约了该种方法的使用。

你知道吗

贮氢材料

贮氢材料是一种在室温和常压条件下，能迅速吸氢，或进行反应生成氢化物，使氢以氢化物的形式贮存起来，在需要的时候，适当加温和减压，就能把贮存的氢释放出来以供使用的材料。

二　有机化合物储氢

有机化合物储氢是一种利用有机化合物的催化加氢和催化脱氢反应来储放氢气。一些有机化合物可作为氢载体，如利用苯、甲苯等储氢剂与氢载体和氢气的可逆反应来实现储放氢气。选择合适的催化剂，在较低压力和相对高的温度下，利用某些有机物液体作氢载体，达到储存、运输氢的目的。

有机化合物储氢

有机化合物储氢系统由储氢剂的加氢反应、氢载体的储存运输、氢载体的脱氢反应等三个过程组成。储氢剂是不饱和有机液体化合物，可以循环使用。

有机化合物储氢原理是利用催化加氢或电催化加氢技术，将氢负载于储氢剂上，并以氢载体的形式储存。氢载体在室温、常压下呈液态，容易储存运输，到达目的地后，利用催化脱氢装置，释放被储存的氢，供燃料电池发电使用。储氢剂经冷却后储存运输，可再重复使用。

可以作为有机化合物液体储氢材料的有烯烃、炔烃、芳烃，其中单环芳烃最佳。

有机化合物液体储氢材料和传统储氢材料相比，具有储氢量大，安全方便，可多次循环使用，寿命长，加氢反应释放大量可供使用的热量等优点；可以进行大规模远程运输，适合长期性的氢的储存和运输，也可为燃料电池汽车提供良好的氢源途径。

第三节　储氢合金的奥秘

20 世纪 60 年代，材料王国里出现了能储存氢的金属和合金，统称为储氢合金。它的出现不仅是材料王国的大事，也给能源世界带来了希望。

储氢合金都是固体，需要用氢时通过加热或减压使储存于其中的氢释放出来，因此是一种极其简便易行的理想储氢方法。目前研究发展中的储氢合金，主要有钛系储氢合金、锆系储氢合金、铁系储氢合金及稀土系储氢合金。

一　什么是储氢合金

科学家在实验室里发现，某些合金具有很强的捕捉氢的能力，在一定的温度和压力条件下，一些金属能够大量"吸收"氢气，反应生成金属氢化物，同时放出热量。将这些金属氢化物加热，它们又会分解，将储存在其中的氢释放出来。这些会"吸收"氢气的金属，统称为储氢合金。

科学家发现储氢合金的储氢能力很强，单位体积储氢的密度是相同温度、压力条件下气态氢的 1000 倍，也即相当于储存了 1000 个大气压的高压氢气。可见，储氢合金不愧是一种极其简便易行的理想储氢方法。科学家还发现，储氢合金具有可逆的吸放氢能力，并伴随有一系列物理、化学变化。科学家想把储氢合金作为电池材料，但由于其循环性能较差，未能成功。

1984年，荷兰科技人员成功解决了储氢合金在循环中的容量衰减问题，为用储氢合金制造充电电池扫清了最后一个障碍。

作为储氢合金的材料有一定要求：一是合金的储氢质量百分数要大，一般不低于1‰，不低于液体储氢；二是能在合适的压力和温度下，进行吸氢、放氢，且要迅速；三是要有较强的耐中毒能力和较长的使用寿命，还要容易活化，便于进行活化；四是要抗粉化，储氢合金吸氢时会膨胀，放氢时会收缩，容易破碎和粉化，所以要抗粉化。

储氢合金

储氢合金可采用冶炼、粉末冶金、快速凝固、机械合金化来制备。冶炼过程需要在真空或惰性气体的保护下进行。快速凝固是制备储氢合金的最佳方法，合金成分和微观结构均匀，获得的储氢合金具有微细的晶粒尺寸，有利于提高合金抗粉化能力和延长循环使用的寿命，还简化了生产工艺。

你知道吗

储氢合金

储氢合金是能储存氢的金属和合金的统称，是一种新型合金，它在一定条件下能吸收氢气，也能放出氢气。储氢合金能循环使用，可用于大型电池，尤其是电动车辆、混合动力电动车辆等的电池。

二　储氢合金的奥秘

储氢合金为什么能储存氢呢？

储氢合金是一种金属氢化物，其特点是氢原子能存储于其中。当外界条件发生变化，经过扩散、相变、化合等过程，储氢合金中的氢原子能释放出来。由于氢释放过程中受到热效应和速度的制约，不易发生爆炸，因此安全性高。

金属氢化物储氢密度比液氢高，这是因为金属氢化物中氢的浓度极高，所以可通过形成金属氢化物储存氢气。在需要时，氢与氢化物之间可以进行可逆反应，把金属氢化物储存的氢气释放出来。

储氢合金具有很强的捕捉氢的能力，它可以在一定的温度和压力条件下，使氢分子在合金（或金属）中先分解成单个的原子，而这些氢原子便"见缝插针"般地进入合金原子之间的缝隙中，并与合金进行化学反应生

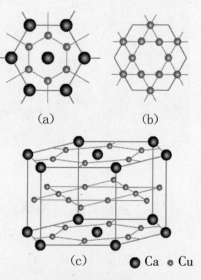

储氢合金结构图

成金属氢化物，其外在表现为大量"吸收"氢气，同时放出大量热量。这样，氢就储存在储氢合金中了。

当对这些金属氢化物进行加热时，它们又会发生分解反应，氢原子又能结合成氢分子释放出来，而且伴随有明显的吸热效应。

三　储氢合金的特点和应用

采用储氢合金来储氢，不仅具有储氢量大、能耗低、工作压力低、使用方便的特点，而且可免去庞大的钢制容器，从而使存储和运输方便而且安全。储氢合金不光有储氢的本领，而且还具有能量转换功能，能在储氢过程中，将化学能转换成机械能或热能。此外，它还可以用于提纯和回收氢气，可将氢气提纯到很高的纯度。

由于储氢合金具有上述特点，因此它的应用范围广泛。储氢合金可作为氢气分离、回收和净化材料。化学工业、石油精制以及冶金工业生产过程中，通常有大量的含氢尾气排出，含氢量有些达到50％～60％，而目前多是采用排空或者燃烧处理。储氢合金可以用于回收含氢尾气中的氢气，它可将氢气提纯到很高的纯度，这具有十分重要的社会效益和经济效益。

储氢合金可作制冷或采暖设备材料。这是由于储氢合金在吸氢化学反应时放出大量热，而在放氢时吸收大量热。因此，可以利用储氢合金的这种放热-吸热循环，进行热的储存和传输，制造制冷或采暖设备。美国和日本竞相采用储氢合金制成太阳能和废热利用的冷暖房，其原理就是利用储氢合金在吸氢时的放热反应和释放氢时的吸热反应。

储氢合金可以制成镍氢充电电池。由于目前大量使用的镍镉电池中的镉有毒，使废电池处理复杂，环境受到污染，因此它将逐渐被用储氢合金做成的镍氢充电电池替代。

镍氢充电电池具有优异的放电性能，此外，它很少发生裂化，循环寿命长，现已经广泛地用于移动通讯、笔记本电脑等各种小型便携式的电子设备上，还可用于制造大型电池。大容量的镍氢充电电池已经开始用于油电混合动力汽车上，可以节省汽油。

使用镍氢充电电池的车辆

另外，由于储氢合金都是固体，既不需要储存高压氢气所需的大而笨重的钢瓶，又不需要存放液态氢那样极低的温度条件。在需要储氢时，使储氢合金与氢反应生成金属氢化物并放出热量；而需要用氢时，则通过加热或减压使储存于其中的氢释放出来，如同蓄电池的充、放电一样。因此，储氢合金的出现与发展，给氢和氢能的利用开辟了一条广阔的道路。

第四节　氢的运输

生产企业把氢制造出来，氢能源用户要用氢，要生产企业源源不断地供应氢，这就需要进行氢的运输。

氢的形态不同，运输方式也不同。氢运输时的形态主要有四种：低压氢气、高压氢气、液氢和固态氢（储氢金属氢化物和储氢有机氢化物等）。氢的运输方式主要有管道运输、机动车运输、船运。

一　低压氢气的运输方式

低压氢气的运输方式主要是管道运输，这是用管道作为运输工具的一种长距离输送低压氢气的运输方式。管道运输可省去水运或陆运的中转环节，缩短运输周期，降低运输成本，提高运输效率。这种运输方式具有运输量大、连续、迅速、经济、安全、可靠、平稳以及投资少、占地少、费用低等特点，并可实现自动控制。

低压氢气的管道运输在欧洲和美国已有 70 多年的历史。1938年，位于德国莱茵-鲁尔工业区的化工厂建立了世界上第一条输氢管道，全长 208 千米。目前，全球用于输送工业氢气的管道总长已超过 1000 千米，其中美国就超过 720 千米。目前的天然气管道也可用来输送低压氢气。对于大规模集中制氢和长距离输氢来说，管道运输是最合适的一种运输方式。

值得注意的是，用于运输氢气的管道应尽量使用含碳量低的材料来制造，并加强维护，减少氢脆现象的发生。所谓氢脆是指金属由于吸氢引起韧性或延性下降的现象。发生氢脆现象时，运输管道受损，导致氢气逸出。

管道运输

二　高压氢气的运输方式

高压氢气的运输方式有机动车运输、船运，多半采用集装格、长管拖车进行运输。

可装运高压氢气的集装格

所谓集装格是由多个高压钢瓶组成，充装压力为 15MPa，可以装在车辆和船舶上。集装格运输灵活，适合于少量高压氢气的运输。

长管拖车由车头和管束拖车组成，管束一般由 9 根直径为 0.5 米、长约 10 米的钢瓶组成，充装压力为 20MPa，可充装高压氢气 3500 立方米。车头和管束拖车可以分离，所以，管束拖车可以作为辅助储氢容器。

长管拖车运输技术成熟，规范完善，所以，大规模商品氢运输可采用长管拖车运输，国外加氢站也采用长管拖车运输。

长管拖车

三　液氢的运输方式

液氢运输的能量效率高，但是，其液化过程就要消耗三分之一的氢能量，同时还存在氢气蒸发和运输设备绝缘的复杂技术要求，所以，液氢只适合于短途运输。

可装运液氢的槽罐车

液氢运输方式多半采用槽罐车或管道运输，槽罐车的容积大约为65立方米，每次可运输4000千克液氢。

液氢管道运输的管道采用真空夹套绝热，由内外两层的同心套管组成，两个套管中间为真空。

除了槽罐车和管道运输外，液氢也可以通过铁路、船舶进行远距离运输。

液氢铁路运输车

运输液氢的海船

采用船运或卡车运输氢气和液氢是目前最为常见的运输方式，这需要组织高压或低温的油罐车队、船队来运输。这种运输方式运输的量非常有限。对于20MPa压缩氢气，运输500kg氢需要40t的卡车。固态氢运输容易，不存在氢的逸出问题，但目前固态氢的能量密度小，运输的能量效率相对较低。

槽罐车

槽罐车是用于液体物品的运输车辆，它有多种类型，从形状来看，有椭圆平头、圆形封头、圆形平头、异形平头等多种；从材料来分，有钢质、塑料、钢塑复合型，其中钢塑复合型又有钢衬塑料板运输槽、钢衬橡胶运输槽、钢衬玻璃钢运输罐；它还可按容积大小分成不同规格。槽罐车可以运输液体化学物品和危险品。

第五节　加氢站

随着燃料电池汽车的发展，加氢站作为给燃料电池汽车提供氢气的基础设施，其数量也在不断增长。各种示范运行活动在全世界各地火热展开，这些加氢站的建设及示范运行活动为今后积累了大量的数据和经验。

一　见识加氢站

最早的氢气加注站可以追溯到 20 世纪 80 年代，当时美国阿拉莫斯国家实验室为了验证液态氢气作为燃料的可行性，建造了一个实验性加氢站。之后，越来越多的加氢站在世界各地逐渐建成。

冰岛早就在首都雷克雅未克附近建造了加氢站，用于供应一部分氢动力公共汽车，它通过电解自来水获取氢气。冰岛成立有新能源集团，由冰岛汽车制造商、石油公司和电力公司组成，氢能系统被纳入其中。冰岛电力的 72% 来自地热和水力资源，冰岛可以通过电网供电来电解水。在冰岛只需要大约 16 个加氢站就足以保证氢动力汽车在全冰岛境内行驶。

加氢站的加氢设施与普通加油站内的设施没有太大区别，加氢过程与一般汽油车加油类似。加氢站的面积比一般加油站大，由氢气分离厂和加气台两部分组成。氢气分离厂内设有氢气分离罐，工程人员向罐内输入水，在电力的作用下，水便分离成氢气和氧气。分离出的氧气通过管道向空中释放，同时将氢气收集在密封压力罐内加压、储存，再通过高压管道为氢汽车加氢。加气台是给氢动力汽车加氢气的场所。

给氢动力汽车补给氢燃料一点也不比加汽油麻烦，通过一个手控容器管接装置，氢燃料即可从氢气加气站输入到氢能汽车的燃料箱内。由于采用了新颖的安全装置，氢气在整个燃料补给过程中是不会泄漏到空气中去的。在加氢站为氢能源汽车加氢，当温度非常低的液态氢注入车辆的燃料箱时，残留在箱内的氢气会随之液化。氢气的液化在一定程度上降低了燃料箱内的压力，所以给车辆的燃料箱补给液氢时，不会逸出氢气。

氢是易燃物，所以人们首先会想到加氢站和氢汽车的安全性。据专家介绍，加氢站内的高压罐和管道的压力虽然高达5700个大气压，但科研人员成功地解决了管道压力问题，确保顾客加氢时绝对安全。氢动力汽车不只是以燃烧氢气为动力，其中燃料电池汽车是经由汽车内的燃料电池与氢气反应，产生电流作为动力。

在美国首都华盛顿东北区的班宁路上，有全球第一座加氢站。它是由壳牌石油公司联合通用汽车于2004年共同建成的一座加氢站，为普通汽车提供加油服务，并为燃料电池车加氢。

美国第一座加氢站

在这个新建成的汽车燃料站中，有 6 个泵专门为普通汽车加汽油，同时有一个泵专门为通用汽车目前在该地区进行示范运行的 6 辆氢燃料电池车加氢。它代表了汽车燃料技术的重大转变——汽油转向氢。

这个加氢站的加氢设备设计兼顾了目前燃料电池车的两种氢存储方式，提供液氢和压缩氢气。在这个加氢站的地下储氢箱，电子仪表可 24 小时监测氢的泄漏。

在加氢站附近专门建有访问者中心，有专人向来访者解答各种问题，如什么是氢燃料电池、氢经济及其未来以及如何安全使用氢燃料电池等。

这个加氢、加油站的建成对全球汽车产业从燃油时代迈向氢经济时代具有里程碑式的意义，让人们能切实看到氢能源所带来的优势。

你知道吗

加 氢 站

加氢站是为氢能源汽车提供氢气的基础设施，解决氢燃料供应问题。加氢站的设置及氢燃料配送系统要求和今日汽油加油站相当。现在世界各地出现了各种加氢站示范项目，给燃料电池汽车提供氢气，以促进氢能源汽车的发展。

二　上海安亭加氢站

2008 年 11 月 15 日，上海安亭加氢站开张。它位于安亭汽车博览公园西南角处，是一个蓝白色崭新的建筑，十分显眼。乍一看，它与普通加油站十分相似，而其背后两条长长的储气罐却令它显得与众不同。

上海安亭加氢站

这是上海第一个加氢站，由同济大学与林德集团、壳牌公司合作建成。安亭加氢站的建设旨在推进我国的燃料电池汽车商业化进程。壳牌公司与同济大学在加氢站的设计、建造、维护和运营方面进行合作。加氢站内还设有一个有关氢能经济的信息中心。

这个加氢站是燃料电池车的补给站，为燃料电池车进行氢气补给。燃料电池车吸入氢气、排出纯净水。这个加氢站一天内能为 3 辆公共汽车和 20 辆小汽车提供加氢服务。

加氢站在外观上和普通加油站区别不会很大，但在很多细节上会有创新，在氢能的贮存、压缩、安全性等方面，有一些特别的设计。

三　世界上最大的加氢站

2011 年 1 月 20 日，世界上规模最大的氢-天然气混合燃料（HC-NG）加气站、全国首个氢能示范项目在山西省河津市建成。该项目是在原有的天然气、煤层气、焦炉气基础上增加了氢气，形成"四气合一"的发展模式。

我国首个氢能示范项目之所以落户山西，世界最大规模的氢-天然气混合燃料加气站之所以能在山西省河津市建成，是因为山西是我国的焦炭生产大省，其副产氢气的成本为全球最低。在这里氢能已经不再仅仅是一项技术，而是一个产业。它打破了由于不同部委之间认识不统一所带来的产业发展徘徊的局面。

据有关专家介绍，在生产焦炭的过程中，会产生大量的副产氢气。我国每年约有900亿立方米的副产氢气未能得到合理利用。氢气的燃烧特点决定了其可以与多种燃料混合燃烧，并提高其效率。该项目生产的混合燃料可以直接应用于天然气汽车，并把现有的天然气加气站利用起来，不需新建加氢站。

山西省河津市首个氢能示范项目的建成，是氢能发展的一个突破。虽然氢能利用的技术已经不是问题了，但加氢的配套设施还没有建立起来，而且我国大型能源企业目前也不愿意开发石油替代产品，它们通过出售高价石油，能够获取更大的利益。而且，在我国不同部委间意见并不统一，氢能项目很难获批。这些都阻碍了氢能利用技术的发展。

山西省选择了在阻力最小的地方——河津市建成了世界最大规模的氢-天然气混合燃料加气站。其实，早在2010年12月1日，我国住房和城乡建设部批准的《氢气加氢站技术规范》就已正式实施。该规范明确，允许一个站点经营汽油、天然气、氢气等多种燃料。这意味着加氢站可以利用现有网络加以推广。山西省河津市建成的全国首个氢能示范项目，对相关产业发展会产生影响，对我国氢能的发展起到推动作用。当然，对于氢能的利用来说，氢-天然气混合燃料是一种过渡形式，其最终指向的还是氢能的直接利用。

四　太阳能加氢站

日本的本田公司像世界上其他大汽车公司一样，看到了氢动力汽车的优点，投入巨资，用于氢动力汽车研发。本田公司是这一领域的领先者。本田公司已经生产了多款氢动力汽车，已租出15辆FCX

Clarity 型氢动力汽车，供美国南加州地区客户使用。这些氢动力汽车只需在公共加氢站加氢 5 分钟，车子就可以行驶 390 千米。但是，即使是在南加州，公共加氢站也寥寥无几。公共加氢站的缺少阻碍了氢动力汽车的发展。

发展氢动力汽车，就需要为氢动力汽车的推广清除障碍。本田公司为了推进氢动力汽车的发展，决定发展加氢站。

加氢站的氢燃料来自氢的生产企业，氢生产出来了需要运输到加氢站储存。加氢站储存氢需要储气罐和专门的装置。要是加氢站自己能生产氢燃料，就不需要运输，就可以省去运输氢燃料的麻烦，也可以省去运输成本。日本本田公司就是这样想的，也是这样做的。本田公司研发了一种家用太阳能加氢站，用于弥补公共加氢站的稀缺。

本田公司研发的家用太阳能加氢站是利用太阳能来制氢，让太阳能转化为氢能。这种家用太阳能加氢站是通过 48 块太阳能板提供 6 千瓦功率，用以分解水生成氢。在氢燃料的制造和使用过程中，完全不会排放温室气体。据该公司介绍，在家用太阳能加氢站加氢 8 小时后，氢动力汽车可行驶 50 千米，足以满足日常所需。

太阳能加氢站

本田公司表示要对这种家用加氢站进行改进，最新家用加氢站效率比之前提高了 25％，使用成本也会降低。本田公司还计划在 2018 年向大型豪华车市场推出氢动力汽车，家用太阳能加氢站则会在 2015 年完成研发，准备好向市场推出。到那时，氢动力汽车用户可以利用这种家用加氢站方便地进行氢燃料补充。

五 加氢站的建设和发展

加氢站的氢气来源，可以外购，也可以自制。加氢站的储氢罐容积越大，危险性就越大。按照我国加氢站标准，其容积有 4 个等级：小于 1000 立方米、1001～10000 立方米、10001～50000 立方米、大于 50000 立方米。

为了方便用户，节约用地，降低管理费用，加氢站可和加油站共建、合建。加氢站建设也是未来城镇基础建设。为充分发挥现有加油站、加气站作用，可在加油站、加气站增设加氢站。

现在，全球范围内建成的加氢站已达数百多座，北美新建加氢站的数量在全世界新建加氢站中所占的比重最大，发展最为迅速。欧洲地区也加快了氢能基础设施研究建设的步伐。许多国家和企业都对氢能源发展高度重视，成立了各种国际性和地区性的组织，这些组织和

在美国宾夕法尼亚州新建成的加氢站

企业在各地建立了许多加氢站，大大推进了加氢站的发展。日本计划在东京等四大城市圈先行建设 100 座加氢站；而德国更是雄心勃勃地要发展氢燃料电池汽车，为此，计划在 2015 年之前建成 1000 座加氢站。

但是，加氢站的建设和发展还是遇到不少问题，其中一个问题是系统的规模。在冰岛只需要大约 16 个加氢站就足以保证氢动力汽车在全冰岛境内行驶。而美国的国土面积大约为冰岛的 90 倍，至少需要 1440 个加氢站。这样，每个驾车人才可以方便地找到加氢站。这需要巨大的投入，包括资金和土地，企业通常无力独自承担，这需要政府和社会有关部门来协调，需要全社会达成共识。

第四章
燃料电池

4

燃料电池是什么？

是燃料？不是，燃料只能燃烧，将化学能转换成热能释放出来，再由热能转换成机械能、电能等。

是电池？不是，电池只能储蓄电能，在需要时把电池里储蓄的电能释放出来，用于照明、取暖，给各种电器设备、机器供电。

燃料电池是一种将存在于燃料与氧化剂中的化学能直接转化为电能的发电装置。燃料和空气分别送进燃料电池，电就被奇妙地生产出来了。燃料电池的设想首先出现在科幻小说中，英国作家威廉姆斯在他的小说《神秘的小岛》中，就首先提出氢燃料电池的设想。现在，梦想已成真，燃料电池已经得到应用，走进了人们的生活。

可以放在手掌上的燃料电池

第一节 异军突起的燃料电池

一 气体电池设想

1839 年，英国科学家格罗夫正在研究电池的使用，那时他已经知道电解，知道电流通过水时能产生氢气和氧气。他想知道这一过程是否可以逆转，即想知道氢和氧结合能否产生电流。

格罗夫准备了两个铂金电极，他将两个电极的一端分别密封在充满氢气和氧气的试管中，又将稀释的硫酸注入一个容器，再把两个电极没有密封的一端浸入容器中。此时，格罗夫发现有微弱的电流在两个电极之间流动。

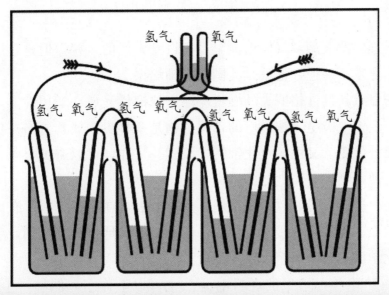

格罗夫的"气体电池"

格罗夫十分高兴，因为这个实验让他知道了电解过程是可以逆转的，要是将几个这样的装置连接在一起，能产生更大的电流。所以，格罗夫将这种装置称为"气体电池"。而且，他相信有朝一日，这种"气体电池"装置可以为人类提供新能源，替代传统矿物燃料。

可惜，当时人们对格罗夫的发明不感兴趣，格罗夫也没有做进一步努力。其实，格罗夫发明的"气体电池"装置，就是世界上最早的燃料电池。

你知道吗

电 池

电池是指能储存电能，盛有电解质溶液，有电极，以产生电流的杯、槽或其他容器组成的小型装置。随着科技的进步，电池泛指能产生电能的小型装置，如太阳能电池。电池的性能参数主要有电动势、容量、电压和电阻。

二 培根电池的问世

尽管格罗夫的"气体电池"没有得到人们的重视，但是，还是有人对它产生了兴趣，他就是英国工程师培根。

培根重新设计格罗夫的燃料电池，他把目光放在实用性上，他知道用铂金作电极是无法推广的，因为铂是一种贵金属，价格昂贵。他改用镍替代铂，又用氢氧化钾替代硫酸。这样，可以避免金属电极被硫酸腐蚀，延长金属电极的寿命。

培根进行的另一改进是采用了多孔电极，在这种电极上有许多小孔，增加了与催化剂接触的面积，使它能更多地接触催化剂，引发更多的化学反应，从而产生更多的电流。

在1932年，培根的燃料电池已经可以工作了，能够产生电能，但依然没有引起人们的兴趣。因为培根电池价格还是比较贵，该电池需要使用纯度较高的氢气和氧气，而制造纯度高的氢气需要花费更多的能量。

尽管这样，培根没有停止燃料电池的研究。1959 年，实用的培根燃料电池问世，通过电化过程将空气和燃料

培根电池的发明人——培根

直接转变成电能，能产生 5 千瓦电量。此后，燃料电池被运用在美国的卫星上，为卫星上的无线电发射机提供电力。

第二节　燃料电池探秘

一　什么是燃料电池

燃料电池是由正极、负极和夹在正负极中间的电解质板所组成的发电装置，它是一种能够通过发生在正极、负极上的氧化还原反应，将化学能转化为电能的能量转换装置。其实，它就是将存在于燃料与氧化剂中的化学能直接转化为电能的发电装置。

最初，燃料电池的电解质板是利用电解质渗入多孔的板而形成，现在正发展为直接使用固体的电解质。

燃料电池与蓄电池的相同点是将电池中的化学物质蕴藏的化学能转变为电能。不同点是普通蓄电池将化学能储存在电池内部的化学物质中，当电池工作时，这些物质发生化学反应，将储存的化学能转变成电能，直至这些化学物质全部发生反应，电池便用完。普通电池放出的电量取决于电池中储存的化学物质的量。对于可充电电池，是通过外部电源，使电池发生的化学反应逆向进行，得到新的活性化学物质，电池可以重新工作。所以，普

燃料电池

通电池是一个有限的电能输出和储存装置。燃料电池既是一个储存电能装置，把储存在其中的电能输出；它又是一个产生电能装置，能把所输入燃料的化学能转化为电能，只要连续不断地供给燃料，它就能源源不断地输出电能。

燃料电池中最理想的燃料是氢，其特点是反应过程不经过燃烧，将氢的化学能直接转换为电能，能量转换率高达 $60\%\sim80\%$，实际使用效率是普通内燃机的 2~3 倍。

燃料电池这种发电装置还具有不排放有害气体、噪声低、对环境污染小等优点，它不需要充电，燃料多样化，可靠性高，维修方便。而且，燃料电池装置可大可小，非常灵活。

早期燃料电池的装置很小，造价很高，主要应用于宇航领域，作电源使用。现在，燃料电池已大幅度降价，逐步转向地面应用。

二　燃料电池的原理

燃料电池种类很多，但都基于一个基本的设计，即它们都含有两个电极，一个负极和一个正极。这两个电极被一个位于它们之间的固

态或液态电解质分开。在电极上，催化剂常用来加速电化学反应。

从燃料电池的外表上看，像一个蓄电池，有正极、负极和电解质等，但实质上它不能"储电"，而是一个"发电厂"。

让我们以氢燃料电池即氢氧燃料电池为例，看看它是如何工作的。

首先，作为燃料的氢气和氧气分别从不同的管道进入燃料电池；在燃料电池的负极供给燃料氢，向正极供给氧化剂空气，氢分子在负极分解成带正电的氢离子 H^+ 和带负电的电子 e^-。氢离子进入电解液中，电子是可以流动的，由于被薄膜阻挡，电子不能自由移动，只能顺着外部电路中的金属导线到达燃料电池的正极。这样，在导线中产生电流，而用电的负载就接在外部电路中。而氢离子可以穿过薄膜到达正极。在正极上，空气中的氧同电解液中的氢离子吸收抵达正极上的电子形成水。

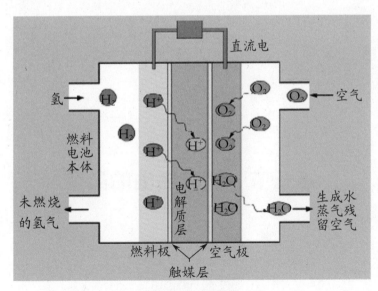

燃料电池的原理图

从燃料电池工作流程中可以看到，燃料电池本质上是水电解的逆装置。在电解水的过程中，通过外界电源将水进行电解，产生氢和氧。在燃料电池中，氢和氧通过电化学反应生成水，释放电能。它的工作原理与普通电池类似，将化学反应中释放的能量转化为电能。所以，燃料电池便可在工作时源源不断地向外部输电，为此，也可称它为一种发电装置，就像发电机那样。

燃料电池与传统电池的工作方式相同，它们都是将化学反应中释放的能量转化为电能。所不同的是传统电池的电量会耗尽，需要重新充电，或抛弃；而燃料电池电量不会耗尽，它可以通过管道源源不断地为自己提供用于化学反应的反应物，源源不断地提供电能。

燃料电池中参与化学反应的物质是氢和氧，它们是通过管道由燃料电池外部的储存系统提供。只要能保证氢和氧的连续供应，燃料电池就可以连续不断地产生电能。所以，燃料电池是一个氢、氧发电装置。

燃料电池兼有发电设备和动力设备双重功能，它既是继蒸汽机、内燃机后的第三代动力系统，又是继水力、火力、核能后的第四代发电设备。

第三节　燃料电池的类型

一　燃料电池的分类

最早出现的燃料电池是格罗夫发明的氢燃料电池，使用氢作燃料，和氧反应来发电。后来，出现了多种类型的燃料电池。

燃料电池有多种类型，根据工作温度的不同，可分为低温型、中温型、高温型三种；按照电解质种类可分为磷酸燃料电池、熔融碳酸盐型燃料电池、固体氧化物燃料电池、碱性燃料电池和质子交换膜燃料电池。

磷酸燃料电池（PAFC）是最早的一类燃料电池，是使用磷酸作为电解质。它在开始发电之前需要一段时间的预热。这种燃料电池的操作温度为200℃，最大电流密度可达到150毫安/平方厘米，发电效率约为45％，燃料以氢、甲醇等为主，氧化剂用空气，但催化剂为铂系列，目前发电成本较高，可以应用于建筑物，不适合交通工具使用。

熔融碳酸盐型燃料电池（MCFC），被称为第二代燃料电池，它使用熔化的锂钾或锂钠碳酸盐作为电解质，其运行温度为650℃左右，发电效率约为55％。这种燃料电池的电解质是液态的，其燃料可用氢、一氧化碳、天然气等，可以用在以矿物燃料为基本燃料的电厂内，作为电力电源来利用，发电成本有所下降。

日本夏普公司的熔融碳酸盐燃料电池

固体氧化物燃料电池（SOFC）被认为是第三代燃料电池，用固体氧化物作电解质，使用的固体氧化物是含有氧化锆等成分的陶瓷材料，在1000℃高温下工作，发电效率可超过60％。它可以用一氧化碳、煤气化的气体作为燃料，由于电池本体的构成材料全部是固体，所以没有电解质的蒸发、流淌。另外，燃料极、空气极也没有被腐蚀。与其他燃料电池相比，发电系统简单，可以期望从容量比较小的设备发展到大规模设备，具有广泛用途。

固体氧化物燃料电池（SOFC）

碱性燃料电池（AFC）使用的电解质为水溶液或稳定的氢氧化钾基质，运行温度约为 200℃，发电效率也可高达 60%，启动也很快，且不需用贵金属作催化剂，是燃料电池中生产成本最低的一种电池，因此可用于小型的固定发电装置。

此外，还有直接甲醇燃料电池（DMFC）、再生型燃料电池（RFC）等新型燃料电池。

二　质子交换膜燃料电池

质子交换膜燃料电池（PEMFC）也叫聚合物电解质膜燃料电池，或固态聚合物电解质膜燃料电池，或聚合物电解质膜燃料电池。它的基本设计是由两块电极和一片薄的聚合物膜电解质组成，电极基本由碳组成。

目前广泛用于汽车的氢燃料电池属于质子交换膜燃料电池。在20 世纪 60 年代，美国通用汽车公司就开发了质子交换膜电池，它使用的电解质是一种又轻又薄、具有渗透性的膜，这层膜被白金包裹。

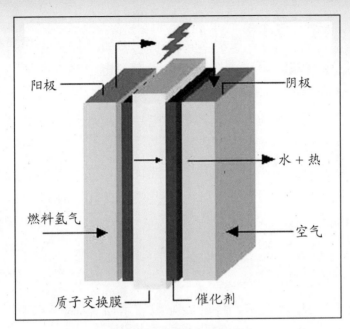

质子交换膜燃料电池原理图

质子交换膜燃料电池在原理上相当于水电解的逆装置，它是由阳极、阴极和质子交换膜组成。

氢流入燃料电池到达阳极，裂解成氢离子（质子）和电子。质子交换膜是一种轻薄的电解质，对于质子具有渗透性。氢离子通过电解质渗透到阴极，而电子只能通过外电路才能到达阴极。当电子通过外电路流向阴极时就产生了直流电。以空气形式存在的氧供应到阴极，与电子和氢离子结合生成水。

单一质子交换膜燃料电池的发电电压理论上限为 1.23V。接有负载时输出电压取决于输出电流密度，通常为 0.5～1V。将多个单电池层叠组合就能构成输出电压满足实际负载需要的燃料电池堆，简称电堆。

质子交换膜燃料电池具有如下优点。

首先，它的发电过程不是通过氢气燃烧产生的热能转变为机械能，再转换成电能，而是直接由化学能转换成电能，能量转换率高。一种可逆式质子交换膜燃料电池，其发电效率最高达 80%。

同时，质子交换膜燃料电池以固体聚合物为电解质，无腐蚀和电解质流失，它发电时不产生污染，不产生有害气体，工作时也没有噪音，不会污染环境。所以，质子交换膜燃料电池是一种清洁、高效的绿色环保电池。

此外，质子交换膜燃料电池的发电单元模块化，可靠性高，组装和维修都很方便。

由于质子交换膜燃料电池具有上述优点，燃料电池又轻又小，可以在低温下工作，适合普通汽车和公共汽车使用，还可为电脑一类电器设备供电。

三　燃料电池的发展

20 世纪 70 年代以来，日、美等国加紧研究各种燃料电池，发展多种类型燃料电池。日本已建立万千瓦级燃料电池发电站，德、英、法、荷、丹、意和奥地利等国也有 20 多家公司投入了燃料电池的研究，这种新型的发电方式已引起世界的关注。

不同类型的燃料电池发展情况不同，发展方向也不一样。

磷酸燃料电池（PAFC）是商业化发展得最快的一种燃料电池。虽然它的效率比其他燃料电池低，其加热的时间也长，但构造简单，工作稳定，电解质挥发度低，不但具有清洁、无噪音等特点，而且还可以热水形式回收大部分热量。它可用作公共汽车的动力，也可为医院、学校和小型电站提供动力。日本从 1981 年起，就进行了 1000kW 现场发电装置的开发，还开发了适用于边远

磷酸燃料电池（PAFC）

地区和商业用的磷酸燃料电池。日本富士电机公司开发了几十种不同规格的磷酸燃料电池，成为日本最大的磷酸燃料电池供应商。

熔融碳酸盐型燃料电池（MCFC）作为第二代燃料电池，它的发电效率比磷酸燃料电池高，结构简单，不需要昂贵的铂金作催化剂，制造成本低，可用一氧化碳作燃料，排出的气体可用来取暖，也可与汽轮机联合发电，提高效率。而且，它可以作为大规模民用发电装置，所以引起了世界范围的重视，发展速度非常快，在电池材料、工艺、结构等方面都得到了很大的改进，但电池的工作寿命并不理想。该型燃料电池主要研制者集中在美国、日本和西欧等国家。美国在1996年就曾进行了一套熔融碳酸盐型燃料电池电站的实证试验。日本从1991年后将该种燃料电池列为重点研究项目。

质子交换膜燃料电池（PEMFC）作为一种新型燃料电池，经过20多年的发展，在实用化方面取得了突破性进展，成为当前世界上燃料电池的开发重点，发展迅速。加拿大将该种燃料电池的应用领域从交通工具扩大到固定电站，第一座250kW发电厂于1997年8月成功发电，其后，又安装了多座燃料电池电厂，向亚洲开拓市场。通过在不同地区进行测试，促进了燃料电池电站的商业化进程。而美国的目标是开发、制造适合于居民和汽车用的经济型燃料电池系统。这种

质子交换膜燃料电池

家用燃料电池的推出，将使核电站、燃气发电站面临挑战。一些汽车制造商参加了质子交换膜燃料电池车辆的研制，也将大量的资金投入到燃料电池的研制中，开发燃料电池汽车，大大地促进了质子交换膜燃料电池的发展。

固体氧化物燃料电池（SOFC）被称为第三代燃料电池，它很少需要对燃料进行处理，通过内部重整、内部热集成、内部集合管使系统设计更为简单。而且它与燃气轮机及其他设备也很容易进行高效热电联产，它产生的废热使水变成蒸汽，驱动涡轮机发电，可以提高整个系统的效率。目前不少国家在研究建造固体氧化物燃料电池，特别是美国和日本。美国是世界上最早研究固体氧化物燃料电池的国家，早在 20 世纪 80 年代中后期，就研制了较大功率的电池堆；日本则成功地进行连续运行试验长达 5000 小时，正从实验研究向商业化发展。固体氧化物燃料电池的发展成为正在兴起的一种新型发电方式。

碱性燃料电池（AFC）电力密度低，在汽车中使用不合适，主要用在航天领域，包括为航天飞机提供动力和饮用水。瑞典开发一种 200 千瓦的碱性燃料电池用于潜艇，成为潜艇水下航行的动力源。

第四节　氢燃料电池的应用

燃料电池理想的燃料是氢气。燃料电池的主要用途除建立固定电站外，特别适合作为移动电源和车船的动力，这也是今后氢能发挥作用的大舞台。

一 氢燃料电池的早期应用

1959年，农业设备制造商人伊律格展示了他发明的15千瓦燃料电池拖拉机。在此之前，他将1008块燃料电池整齐地排列成一个电池组，可以发电15千瓦。虽然伊律格的燃料电池拖拉机并不实用，没有得到推广，但是可以证明，利用燃料电池产生的电量，可以成为机动车动力，能提高能源的利用效率。

氢燃料电池的潜在用途是电力公司在非高峰期间用氢燃料电池进行储存电力。例如，夜晚的电力需求减少，富余的电力用来制氢；当白天用电高峰时，氢燃料电池利用储存的氢产生电力。

20世纪60年代，美国国家航空航天局为"阿波罗"号和"双子座"号宇宙飞船上的机电设备提供能量，确定燃料电池最适合在太空中使用。在同等质量下，燃料电池产生的电量高于传统电池。而且，氢和氧产生的水可以供宇航员使用。所以，在"阿波罗"号宇宙飞船的服务舱中装有3个氢氧燃料电池组，每组电池重114千克，由31块燃料电池组成，最高发电量可达到2.3千瓦。这些电池非常耐用，可以连续工作一万小时，完成了18项任务。

20世纪80年代，氢燃料电池也被应用在航天飞机上，安装在航天飞机上的3组燃料电池，每组可发电12千瓦，发电量超过了用于"阿波罗"号宇宙飞船上的电池组。

未来的居民小区配备氢燃料电池，氢气用管道输送，屋顶上的光伏太阳能电池板或小型风力发电机产生的电力可用来制氢，储存在建筑物旁，或供燃料电池汽车用。使用氢燃料电池发电，整个过程不产生温室气体，不污染环境。

燃料电池的应用

二 第一辆燃料电池汽车

1991 年，美国人比林斯成功研制了世界上第一辆燃料电池汽车。这辆燃料电池汽车用质子交换膜电池作动力，车内储存一小箱氢，氢气通过管道进入质子交换膜电池，在那里与空气发生化学反应，产生电能，成为汽车动力。这种燃料电池汽车产生的废物就是水。

1965 年，比林斯还在读中学时，就设计出一辆利用氢气驱动的福特型卡车。福特汽车公司为他研究氢燃料电池汽车提供了支持。福特汽车公司于 20 世纪 90 年代早期开始开发氢燃料技术。2001 年，福特汽车公司发布了首辆氢燃料电池汽车，采用特种轻量铝轿车车身。

福特汽车公司展示的氢动力汽车

2007 年 3 月 20 日，福特汽车公司展示了世界上第一辆可以驾驶的插电式燃料电池混合动力车。该车结合了车载氢燃料电池发电机和锂离子蓄电池，它以一种灵活的动力系统结构为基础，使福特汽车公司稍加更新燃料和驱动技术而不必重新设计车辆及其控制系统就可以投入使用。它的最高车速每小时可达 136.85 千米。在有标准家用电源插口的条件下，就可以利用车载充电器给电池组充电，使这一概念车成为真正的插电式混合动力车。

福特汽车公司拥有一支 30 辆以氢为动力的福克斯燃料电池汽车车队，这是一个在全世界范围、跨越七座城市的实战检验燃料电池技术项目的一部分。这支车队的行驶经历能够提供各种不同地区环境条件下的大量信息，这些信息将被整合进未来的燃料电池汽车驱动系统。

三　各种燃料电池汽车

燃料电池要在交通工具上应用存在一些问题：一是要耐用，能承受长时间的颠簸，在高温、低温下都能正常工作；二是经济性，现在的一些燃料电池使用昂贵的铂作为电极，而且容易被氢气中的杂质污染。为此，科技人员开发了一种新电极——锡镍电极，价格便宜。

美国通用汽车公司在研究开发氢动力汽车方面一直走在前列。已投入数十亿美元的通用汽车公司从 20 世纪 60 年代末起就开始了氢燃料电池驱动技术的研究，并且与中国上汽集团合作开发出名为"凤凰"的中国首辆燃料电池汽车。

通用汽车公司开发的燃料电池汽车

目前广泛用于汽车的氢燃料电池属于质子交换膜燃料电池，氢气通过催化剂释放出电能，最终与氧结合为水。通用、奔驰、本田等汽车生产企业都在研制燃料电池试验车型，但目前尚未达到正式投产的程度。

氢燃料电池不仅应用在小型汽车上，还应用在大型公共汽车上，在英国首都伦敦就出现了氢燃料电池公共汽车。

英国的氢燃料电池公共汽车

四　氢燃料电池车的"路障"

氢燃料作为一种新能源，氢燃料电池作为一种新型的发电装置，具有巨大的潜力。氢燃料电池车作为一种新能源汽车也具有广阔的发展前景，它是以氢为燃料的"氢交通经济"的一个重要组成部分。但是，作为新能源汽车的氢燃料电池车，在其发展道路上存在"路障"。

氢燃料电池车的"路障"涉及氢燃料的生产、储存和输送的基础设施，以及燃料电池的成本等问题。氢燃料电池车的推广受许多因素的制约，这些因素成为氢燃料电池车发展的"路障"。

第一个"路障"是时间。新技术车辆大规模应用主要受到现有车辆的平均寿命的限制。目前车辆的平均寿命是15年。无论什么类型的新技术汽车，如氢内燃汽车、混合动力汽车或氢燃料电池车，即使有人买了这些新技术汽车，对于大多数车主来说需要15年后才换车。在这些年内，旧车还会在路上跑，还会继续烧汽油，继续排放二氧化碳等温室气体。

　　第二个"路障"是市场份额。包括氢燃料电池车在内的所有新能源汽车，汽车生产厂家从第一台到批量生产一般需要几年的时间，到大规模推广又得几年之后。拿油电混合车来说，虽然有全新的技术，但市场份额却增长缓慢。油电混合车在美国1999年上市，到目前为止市场份额却只有1%。氢燃料电池车即使现在上市，它要在市场上占有一定份额，也需要一个漫长的过程。

　　第三个"路障"是汽车节能技术的发展。推广氢燃料电池车受到其他新技术的挑战，从解决石油燃料危机的角度说，欧洲过去25年推广柴油发动机的经验表明，短期内节省燃料的有效措施并不一定来自全新的技术，而在于如何在现有车辆技术基础上更好地进行改进，更经济地使用燃料。如完全可以通过改进内燃发动机性能、减轻车辆

对氢燃料电池车形成挑战的油电混合动力汽车

重量等措施来实现，而且有可能产生立竿见影的效果。先进的内燃发动机、清洁的柴油发动机以及油电混合车，在未来30年内将对氢燃料电池车形成巨大的挑战，它们对节省交通石油燃料产生很大的影响。

由于发展氢燃料电池车存在"路障"，专家预计，即使研制出具有价格和性能竞争力的氢燃料电池车，还将需要25年左右的时间，才能使其销售份额达到35％，而要使氢燃料电池车替代现有35％的车辆，还会再需要20年左右的时间。可见，氢燃料电池车需要几十年的时间才有可能被大规模使用。

五 "绿色核潜艇"

常规潜艇采用柴电动力，水面航行时使用柴油机，水下航行则使用蓄电池。而潜艇上的蓄电池容量有限，潜航一段时间后就得上浮到海面，或浮至通气状态，伸出通气管，利用柴油机工作，为蓄电池充电。而通气管容易被敌方反潜兵力探测设备发现。

为解决这个难题，潜艇设计师经过长期的探索和努力，研制出AIP动力装置，AIP的英文原文是air independent propulsion，就是不依赖空气推进，指潜艇在水下不依赖外界的空气也能提供推进动力和其他动力的能源系统。

由于AIP动力装置不需要氧气也可正常运行，因此可以大幅度提高潜艇的水下续航力，使其在水下潜伏的时间提高到2～3周，增加了潜艇的隐蔽性。为此，有人将装备了AIP系统的常规潜艇称为"绿色核潜艇"，意思是它既有核潜艇的水下续航力，又没有核潜艇的高成本，而且不污染海洋。但是，以现有技术，无论哪种AIP系统，输出功率都很小，不能满足常规潜艇水下最大航速航行的需求。

只有采用燃料电池，使AIP系统与潜艇的柴电动力装置组合在一起，构成混合推进装置，AIP系统才具备实用价值。

瑞典首先给潜艇装上燃料电池，用燃料电池作动力。燃料电池能靠氢和氧反应直接产生电能，推进电机工作，以推进潜艇。采用燃料电池的潜艇潜行时几乎不产生废气，可无声航行，隐蔽性比其他 AIP 潜艇要好得多，成为真正的"绿色核潜艇"。

德国在瑞典之后，也推出了自己的 AIP 潜艇 212 级和 214 级，它们用燃料电池作动力，推进潜艇。德国研制的 212 级潜艇就是一种燃料电池潜艇，配备有燃料电池模块，它的水面排水量为 1450 吨，总长为 56 米，最大直径为 7 米，额定船员 24 名，水下最高航速为 20 节，并可持续潜航 7 天以上。

德国 212 级潜艇上的燃料电池模块

在德国的 214 级潜艇上，由于改进了燃料电池，潜艇以 2～6 节航速进行水下巡逻时，水下潜伏的时间提高到了 3 个多星期，最高航速为 22 节。

由于潜艇装上燃料电池系统，不需要依靠外界的氧气，就能进行氢-氧反应，使化学能转化成电能，推进潜艇，确保水下航程较常规电池潜艇提高 3～4 倍。同时还由于装备新型的静音设备，降低了潜艇的声学特征，增加了潜艇的隐蔽性。

德国研制的燃料电池潜艇已经在意大利海军舰队服役，还参加了北约军事演习，显示了"绿色核潜艇"——燃料电池潜艇的优越性能。

德国 212 级燃料电池潜艇在航行

第五章
氢和氢能的应用

《飞屋环游记》里的主人公乘坐五彩氢气球冒险，这是深藏在很多人未泯童心深处的童话。不过，作为元素周期表中的"带头大哥"，氢的本事虽然也是从气球起步，但它是清洁能源，也是工业、军事方面的"多面手"。

自氢元素被发现之日起，人类就对氢和氢能的应用产生了兴趣。最初是利用氢气奇特的物理、化学性质，在工农业生产和人们日常生活中应用。在现代工业领域，氢气与其他物质一起用来制造氨水和化肥，同时也应用到汽油精炼工艺、玻璃磨光、黄金焊接、气象气球探测及食品工业中。液态氢可以作为火箭燃料。

氢能发电装置

到了 20 世纪 70 年代以后，世界上发生了能源危机，许多国家和地区广泛开展了氢能研究，氢能作为一种新能源被人们所重视。氢能可以进行电厂负荷调节，在非高峰用电时段，发电厂将多余的电量全部用于生产和储存氢，供高峰用电时使用。这样，发电厂基本可以满负荷运行，避免为满足高峰用电而新建昂贵的发电站。氢能也可以进行紧急供电，在断电的紧急情况下，利用小型电解设备，为家用小汽车和电器设备供电。

有专家预测，21 世纪将是氢能的世纪，氢能作为一种新能源将会被广泛运用，氢经济时代正在向我们迎面走来。

第一节 氢气的早期应用

氢气被人们制得后，人们发现氢气比空气轻，是一种浮升气体，物体靠氢气的浮力可以在空中漂浮。于是，氢气首先在航空器中得到应用，氢气球、氢气飞艇和氢气气球炸弹出现了。

一 从氢气球说起

1780 年，法国化学家布拉克把制得的氢气灌入猪的膀胱，制成了世界上第一个氢气球。这个原始的气球冉冉上升，是因为氢气比空气轻，使氢气球产生向上的浮力，是浮力使氢气球升空。其后，法国

氢气球

人乘坐氢气球飞上蓝天，到天空中去探险，实现了人类的飞天梦想。

氢气球是将轻质袋状或囊状物体充满氢气，靠氢气的浮力可以向上漂浮的物体。氢气球一般有橡胶氢气球、塑料膜氢气球和布料涂层氢气球几种。较小的氢气球，当前多用于儿童玩具或喜庆节日放飞用；较大的氢气球叫空飘氢气球，用于悬挂广告条幅，进行空中广告宣传。气象上用氢气球探测高空，军事上用氢气球架设通信天线或发放传单。

氢气球可以用充有压缩氢气的氢气瓶灌充，也可以用充氢气球机灌充。氢气的密度比空气小，氢气球产生的空气浮力大于自身重力，就可以在空中漂浮。虽然纯净的氢气自己不会爆炸，但它和氧气混合后遇火会爆炸，所以氢气球存在不安全的因素。考虑到安全问题，现在比较少用氢气充气球了，而被另一种浮升气体氦气替代，氢气球已经让位于氦气球。

二 "天宫一号"的"安保员"

举世瞩目的"天宫一号"在 2011 年 9 月 29 日晚成功发射，这标志着我国载人航天工程进入新的发展阶段。在"天宫一号"成功发射的背后，"安保员"氢气球起了非常大的作用。

航天飞行器要安全发射，一个重要条件是要知道气象情况，放飞携带探空仪的氢气球，采集高空气象数据是一个重要的方法。

早前，放飞氢气球通常使用化学制氢的方法，制出的氢气球飞升高度不够，无法采集到 3 万米高空

"天宫一号"成功发射

的气象数据。我国的科技人员经过多年潜心研究，成功研制出车载式和地面固定式水电解气象制氢装置，制作的氢气球可达到足够的放飞高度，而且在低温条件下不影响气象资料的采集，以确保"神舟"载人飞船和"嫦娥"探月工程等航天器的顺利发射与回收。

"天宫一号"虽然没有载人，但它是未来长期载人太空实验室的实验版。宇航员要在太空中安全飞行，离不开载人航天工程七大系统之一的生命维持系统。飞船在运行中舱内设备运转会产生少量的一氧化碳和氢，其浓度一旦超标，将危及宇航员的健康和安全，这就需要高性能的消除一氧化碳催化剂和消氢催化剂。这次"天宫一号"不仅使用了我国自行研制的消除一氧化碳催化剂，还使用了消氢催化剂，为未来载人航天飞行提供了安全保障。

三 氢气飞艇

1901年，巴西有人制作了氢气飞艇。早期氢气飞艇用于军事活动。第一次世界大战后，飞艇开始用于民用运输，并风靡一时。

氢气飞艇是一种轻于空气的航空器，它与氢气球最大的区别在于具有推进和控制飞行状态的装置。氢气飞艇由巨大的流线型艇体、位于艇体下面的吊舱、起稳定控制作用的尾面和推进装置组成。

在飞艇艇体的气囊内充有密度比空气小的浮升气体氢气，借以产生浮力使飞艇升空。吊舱供人员乘坐和装载货物。尾面用来控制和保持航向、俯仰的稳定。推进装置是飞艇的动力装置，用来推进飞艇。

氢气飞艇中最著名的是齐柏林飞艇，它是一种硬式飞艇的总称，是德国飞船设计家齐柏林所设计、制造。齐柏林飞艇飞行能力较同时期的飞机优秀，又可装载大型货物，它在早期航空事业中有过辉煌成绩。德国还专门成立了飞艇运输公司。在第一次世界大战前，飞艇运输公司曾非常活跃。

第一次世界大战中，军事专家们把齐柏林飞艇投入到战场上，负

齐柏林飞艇

责空中轰炸和军事侦察。德国陆军和海军都建立起了自己的飞艇舰队。1914年8月5日夜，齐柏林飞艇成功地轰炸了比利时的列日要塞；8月26日，齐柏林飞艇又对比利时当时最大的海港安特卫普港实施了一周的轰炸；8月30日空袭了法国首都巴黎；1915年1月19日，德国飞艇开始轰炸英国本土。

但是，齐柏林飞艇没能挽救德国失败的命运。第一次世界大战后，德国的战败没能使齐柏林飞艇退出历史舞台。1920年，德国复兴了齐柏林飞艇，并且在1930年达到颠峰。

最终让氢气飞艇退出历史舞台的是空难事故。1937年5月6日，德国的巨型飞艇"兴登堡"号在美国失火坠毁，36人死亡，也就是著名的"兴登堡"空难。

在"兴登堡"空难之后，包括齐柏林飞艇在内的整个氢气飞艇产业急速没落，不久之后就被新兴的民航飞机给取代了。

"兴登堡"空难

从此,氢气飞艇退出航运历史舞台,浮升气体氦气替代了氢气,氦气飞艇登上舞台。不仅氢气飞艇被氦气飞艇替代,氢气球也被氦气球替代。现在氢气飞艇作为广告载体,人们偶尔能在蓝天上看到它的身影。

氢气飞艇成了广告载体

第二节　氢能在航天领域的应用

氢的早期应用都是利用氢气作为一种浮升气体充灌在航空器中，用于航空领域。到了20世纪50年代，由于氢气质量轻、更高效和携带方便等特点，氢被用于航天事业。氢能作为航天飞行器动力源，在航天领域得到应用。苏联发射人造卫星火箭、美国"阿波罗"号登月用的"土星5号"火箭和我国的长征运载火箭都是以液氢为燃料。

氢能在航天领域的应用

一　火箭发动机和液氢

1957年10月4日，苏联成功地发射了第一颗人造地球卫星"斯普特尼克1号"。它是被用液氢、液氧作推进剂的火箭送进太空的。

苏联这颗人造地球卫星的成功发射，开辟了人类征服宇宙的道路，标志着世界将跨入航天的新时代。这也标志着氢能是可以作为一种新能源而得到应用的。

在此前后，苏联和美国发射的火箭和导弹都是用火箭发动机作动力的，其中就有用液氢、液氧作燃料的火箭和导弹。

火箭发动机分为液体火箭发动机和固体火箭发动机两类。液体导弹的发动机是液体火箭发动机。在液体导弹的燃料舱里装着液氢等液体燃料，还携带有能帮助燃烧的氧化剂——液氧。这样，装有火箭发动机的导弹既能在大气层内飞行，也可在没有空气的宇宙空间飞行。

火箭发动机的燃料燃烧所需要的氧气由氧化剂提供，液氢等液体燃料和氧化剂合在一起，就是火箭发动机的推进剂。液氢等液体燃料燃烧后，产生高温气体，经喷管喷出，产生很强的反作用力，推动导弹飞行。速度可以达到音速的几倍，甚至几十倍。

液体火箭发动机使用的液氢和液氧可以按一定比例和速度进入发动机燃烧室，并可以调节。所以，液体火箭发动机的推力大小和工作时间长短也是可以控制的。

使用液体火箭发动机的火箭与导弹推力大、射程远。一些远程导弹和巨型运载火箭采用液体火箭发动机，使用液氢、液氧一类液体燃料就是这个道理。

使用液氢、液氧一类液体燃料有一个问题是加注液体燃料比较麻烦，时间长，场面大，隐蔽性差，而且液氢、液氧一类液体

液体火箭发动机

燃料易挥发、易燃烧，一点火星，就可以引起冲天大火，甚至发生爆炸。火箭发射场的一些不幸事故就是这样发生的。

二 "阿波罗"登月的功臣

1969 年 7 月 16 日，巨大的"土星 5 号"火箭载着"阿波罗 11 号"飞船，从美国肯尼迪角发射场点火升空，开始了人类首次登月的太空征程。3 名美国宇航员驾驶着"阿波罗 11 号"飞船跨过 38 万公

里的行程，承载着全人类的梦想踏上了月球表面。

"土星 5 号"是土星系列运载火箭成员中最大的火箭，高达 110.6 米，也是目前使用过的最高、最重、推力最强的运载火箭。它是一种三级液体火箭，每一级都使用液态氧作为氧化剂。第一级使用高精炼煤油作为燃料，其余两级使用液氢作为燃料。"土星 5 号"的主要载荷是载着宇航员登月的"阿波罗"航天器。

人类踏上了月球表面

由此可见，"阿波罗"飞船登月成功有氢能源的一份功劳，氢能源在航天领域有广阔的应用前景。

作为航天器推进剂的液氢和液氧具有低温、高能的特点。低温是指氢气和氧气沸点极低，所以要在极低温度下才可以液化；高能是指氢和氧进行化学反应可以放出大量能量。

现代航天技术致力于高能便携且产物无污染的高轻燃料来推动火箭升空，而液氢、液氧推进剂是目前最好的推进剂。

"土星5号"运载火箭在完成"阿波罗11号"飞船登月的发射后,又进行了多次太空发射。最后一次"土星5号"的发射是将天空实验室的空间站送入太空。氢能源作为一种新能源在人类航天事业中作出了杰出贡献。

"土星5号"在发射前

三　氢动力飞机

氢动力既然可以应用在航天领域,那能否应用在航空领域呢?回答是肯定的。

2008年2~3月,西班牙奥卡尼亚镇的上空,一架并不起眼的小型飞机在试飞,机上只有飞行员一人。这架小型飞机翼展是16.3米,机身长6.5米,重约800千克,可容纳两人。飞机虽小,但它的试飞意义却不小。原来,它是波音公司研制成功的一架以氢燃料电池为动力源的飞机。飞机在1000米高度的空中飞行了约20分钟,时速约为100千米,可连续飞行45分钟。

波音公司的氢燃料电池飞机在试飞

氢燃料电池通过氢转化为水的过程产生电流，不产生温室气体。除热量外，水蒸气是氢燃料电池产生的唯一副产品。因此，氢燃料电池飞机在空中飞行，不会产生污染，不会给蓝天白云抹黑。在燃料价格上涨、环境污染与全球变暖的情况下，氢燃料电池飞机的出现，给人们带来了希望。

这架小型飞机由双座螺旋桨动力滑翔机改装而成，飞机内安装了质子交换膜燃料电池和锂离子电池。在机舱内，传统电池安放在唯一的乘客座位上，飞行员背后有一个类似潜水员使用的氧气罐。它在起飞及爬升过程中使用传统电池与氢燃料电池提供的混合电力，爬升至海拔1000米巡航高度后，飞机切断传统电池电源，只靠氢燃料电池提供动力来飞行。

氢燃料电池飞机的出现，可减少对石油、天然气、煤炭这三种可产生温室气体的矿物燃料的消耗，改善环境。但是，从目前情况来看，氢燃料电池不太可能为大型飞机提供主要动力，只能提供辅助动力。这架氢燃料电池飞机的研制成功，证明了氢燃料电池可以成为飞机动力，可以在无人机上使用。

据2011年9月30日《每日邮报》报道，设计师研究出一种几乎零排放的氢动力飞机，它的外形像一种名叫黑尾豫的鸟。黑尾豫是鸟

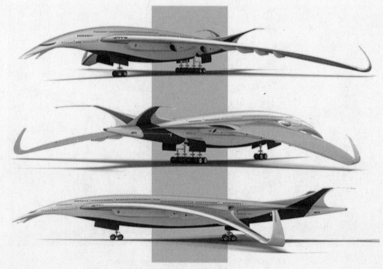

氢动力飞机

类世界不间断最长飞行纪录的保持者，它能不停下歇息进食从澳大利亚一直飞到阿拉斯加。

这架氢动力飞机有一对超大的翅膀，它的外形就像一个弯曲的澳大利亚黑尾豫。这样在飞机到达平流层的时候，空气阻力减小，这对超大的翅膀可以产生大量的上升气流，足够支撑飞机不往下落，可以像黑尾豫一样滑翔。

这架氢动力飞机上安装有四个低温氢气涡扇发动机，不仅功率大而且低耗能，类似于战斗机，节省了大量的燃料。自然，这只是设计师的想法，氢动力飞机能否飞上蓝天，让我们拭目以待。

四 高空中的"鬼眼"

2011 年 11 月 3 日，从美国传来消息，美国无人机家族又要增添新丁，它就是波音公司研制的"鬼眼"无人机，这是一种创新型无人机，是世界首架氢动力无人机。它的最大亮点是利用氢能源为动力。

"鬼眼"无人机虽然和美国空军的 RQ-4"全球鹰"无人侦察机一样，用于执行监视和侦察任务。但是，"鬼眼"无人机装备有氢燃料发动机，由于氢燃料的效率是普通飞机燃料的 3 倍，因此，它高空持续飞行时间长，可在 1.98 万米高空持续飞行 4 天。"鬼眼"无人机盘旋在目标上空的时间是 RQ-4 侦察机的 4～10 倍。可见，"鬼眼"无人机空中侦察能力远优于 RQ-4"全球鹰"无人侦察机。

这款氢动力无人机的氢推进系统非常有效，可为无人机节约大量燃料，它的唯一副产品只有水，因此它又是一款"绿色环保"飞机。它的翼展是 45.72 米，飞行速度大约是每小时 278 千米，有效载荷达204 千克。

氢动力无人机的研制成功，对无人机的发展有重要意义，它将作为一个先进技术的试验台，进行先进无人机的研制。由于氢动力无人机采用了高效的氢推进系统，可以减少燃料的携带，腾出重量和空间，装备侦察、通信器材，甚至装备空战武器。这样，无人机在收集数据和通信方面将会有更大的进展，而且可以拓展无人机的战斗用途，使无人机不仅执行监视和侦察任务，还可执行空战任务。

据波音公司透露，这种"鬼眼"氢动力无人机将于2013年投入正式飞行，而且公司还将在"鬼眼"无人机的基础上研制更大的无人机，在空中持续飞行的时间会更长。

波音的氢动力无人机

第三节　氢能与氢弹

氢能到底有多大能耐，在人类未跟它接触之前是无法认知的。当第一颗氢弹爆炸后，氢能的巨大威力才被人类所认知。

要问氢能的威力有多大，看一看核武器氢弹爆炸的威力就知道了。

一 比一千个太阳还亮

1954年3月1日，一艘渔船在太平洋比基尼岛附近的海面上进行捕捞作业。一个船员看见西边升起一个巨大火球，他大声惊呼："看，西边升起一轮太阳！"

氢弹试验形成的火球

船员们果然看见西边的海面上升起一个比太阳还亮的火球，它的亮度超过了太阳光，把西边的天空都染红了。船员们为看见这样的奇景兴奋不已，就在船员们正看得津津有味时，天空中一声巨响，"太阳"消失了。过一会儿，天空中飘下许多粉末，甲板上落了厚厚一层。

其实船员们看见的"太阳"是美国进行的一次氢弹试验形成的火球。目睹氢弹试验的奇景并不幸运，在渔船回程的日子里，一些船员的头发开始脱落，另一些船员的面部发生溃烂。渔船一靠岸，受伤的船员马上被送进医院救治。半年后，第一个看见西边出"太阳"奇观的船员被夺去了生命，他成为美国氢弹试验的受害者。

研制氢弹的设想最早是由物理学家泰勒提出的。第二次世界大战后，泰勒领导一个研究小组从事"我的宝贝"超级炸弹研制。1949年8月，苏联研制的原子弹爆炸成功。没过多久，美国的杜鲁门总统下达研究、制造氢弹的命令。

氢弹就这样来到人间，成为威力最巨大的现代武器。

二 氢弹的秘密

氢弹是一种威力巨大的核武器，属于第二代核武器，它利用氢的同位素氘和氚发生原子核聚变反应，释放原子核能，所以称氢弹。由于聚变反应是利用裂变物质爆炸产生的高温来引爆，因此这种核武器又称热核武器。

氢弹为什么有巨大威力？

这得从核聚变说起。原来，原子核集中了原子的绝大部分质量，它由带正电的质子和不带电的中子构成，它们都称为核子。质子的正电荷之间会产生排斥力，但强大的核力压倒了正电荷斥力，把核子紧紧束缚在一起。要把它们拆开，必须花费很多能量。

在不同元素的原子核里，核子的结合方式不同，把核拆成单个核子所需要的能量也不同。一个比较大的原子核分裂成两个小的原子核时，会释放出一些能量，称为核裂变。原子弹和核电厂所利用的，就是裂变能。两个小原子核结合形成一个大核时释放出能量，称为核聚变。氢弹爆炸所利用的就是聚变能。

氢原子核内有一个质子和一个中子的是重氢，称为"氘"，它仍属于氢元素，但性质与氢却不一样。继原子弹之后的大型武器是氢弹，它是利用重氢（氘）和超重氢（氚）的核聚变反应释放原子核能。开启氢元素的核聚变反应需要的能量非常大，所以只有成功研制出原子弹后才能利用原子弹爆炸时所产生的巨大能量开启氢核的聚变反应，这就是说，要想制造氢弹就必须首先制造出原子弹。

氢弹由三部分组成：热核装料、引爆装置和弹体。热核装料是能进行核聚变反应的氘和氚，一般是用氘的化合物氘化锂；引爆装置是一颗小型原子弹；弹体用天然铀制成。

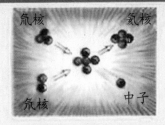

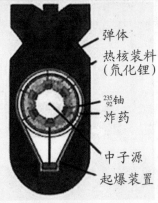

氢 弹

氘核　　　氚核

氢核　　　中子

氢弹是利用氢核发生聚变反应放出的能量,造成杀伤破坏作用的核武器。

弹体
热核装料
(氘化锂)

$^{235}_{92}$铀
炸药

中子源
起爆装置

氢弹的原理与组成

引爆装置中的这颗小型原子弹爆炸产生的高温会使氢弹中的热核装料进行热核反应,最终引爆氢弹弹体。

在氢弹爆炸过程中,用天然铀制成的弹体也参与了热核反应,使天然铀产生裂变反应,释放原子核能,增加了氢弹的威力。所以,氢弹释放能量过程有裂变—聚变—裂变三个阶段,故氢弹又称三相弹。

氢弹爆炸所释放的原子核能大得惊人。一颗氢弹的爆炸威力相当于几百万吨到几千万吨 TNT 炸药的爆炸威力,为原子弹的几千倍。一颗氢弹爆炸足以毁灭一座大城市。

三　令人惊骇的威力

1952 年 11 月 1 日,美国在埃尼威托克珊瑚岛上成功地进行了第一次氢弹试验。这是一次氢弹原理试验,爆炸装置不能带上飞机,不能用于实战。

当氢弹在钢架上起爆后,整个小岛连同巨大的钢架都在惊天动地的爆炸声中沉入太平洋深处,爆炸威力比投掷在广岛的"小男孩"原子弹大 500 倍以上,冲击力使环礁被炸成了一个深 50 米、直径为 2000 米的海里的巨坑,整个埃尼威托克珊瑚岛也消失了。

第一次氢弹试验

1954 年在比基尼岛上进行的氢弹试验是可以用于实战的，其威力为 1500 万吨 TNT 当量。在比基尼岛进行氢弹试验后，又经过 5 年的努力，美国解决了"两弹"结合，即实现了将氢弹头装在洲际导弹上，使氢弹不仅能用轰炸机投掷，还能用导弹发射。随着导弹的发展，特别是远程导弹和洲际导弹的发展，装有氢弹头的洲际导弹威力巨大，爆炸威力达到几百万吨、几千万吨 TNT 当量，属于战略武器之列，具有威慑力。

中国第一次氢弹试验产生的"蘑菇云"

氢弹的巨大威力对世界是一种严重威胁。1961 年 1 月，美军的一架携带有 2 枚氢弹的 B−52 轰炸机在美国境内坠落，引起巨大恐慌。幸亏机上氢弹的六道联锁未完全打开，才使氢弹安然无恙。

第四节　氢能发电

世界能源危机的发生，使得科技人员四处寻找替代能源，氢气进入科技人员的视野。科学家发现氢可以成为新能源。

一　氢能源的出现

氢能源之所以能进入科学家的视野，是因为氢能源有以下好处。

首先，氢气是一种高效能源。氢的单位质量热值高、比重小，氢气燃烧产生的热量大，只要有充足的氧气，氢气可以很快地完全燃烧。氢气燃烧产生的热量是同等质量的汽油的 2.8 倍，是焦炭的 4.5 倍。

同时，氢能源使用时不会污染环境。一般矿石燃料燃烧时会产生二氧化碳、一氧化碳、二氧化硫等温室气体和其他有害物质，而氢气燃烧时，氢气和氧气化合生成水，不会产生温室气体和有害物质，不污染环境。氢气本身也无毒无味，不会对人类和环境产生有害影响。

第三，氢气可以通过经济的管道运输。氢可以在 −253℃ 的低温下变为液态氢。液态氢可以储存在低温、高压的氢瓶里，氢瓶是个大圆筒，便于交通工具使用。

第四，氢能转化性好，可以从火力发电以及核能、太阳能、风

119

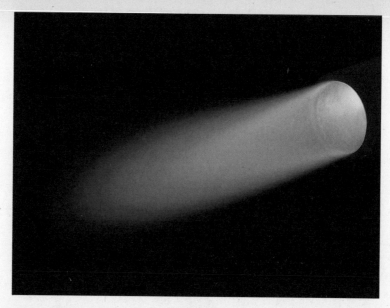

氢气燃烧

能、地热能、水能发电等转化而得。用氢能发电，更有噪声小、效率高、启动快、成本低等优点。

此外，氢元素虽然不独立存在于自然界中，但在大自然中储量异常丰富。氢在地球上存在的主要形式是和氧结合生成水，地球上每 90 千克水中就有 1 千克氢，而地球是个水球。氢还广泛存在于自然界中的氢化合物中。

但是，氢能源没有得到广泛应用，一是氢储存困难，需要低温、高压的条件，而且氢的渗漏速度快，是水的 200 倍；二是氢性质过于活泼，一旦结合成化合物后，非常稳定，难以分解，所以制氢工艺难度大。

二 氢能的发电方式

氢能发电是指用氢作载能体来产生电力。氢能发电有两种方式：一种是传统的发电方式；另一种是利用氢燃料电池产生电能。

传统的氢能发电方式是利用氢气和氧气燃烧，组成氢氧发电机组，氢直接产生蒸汽发电。这种机组是火箭发动机配以发电机，它不需要复杂的蒸汽锅炉系统，因此结构简单，维修方便，启动迅速，要开即开，欲停即停。

在电网低负荷时，还可吸收多余的电来进行电解水，生产氢和氧，以备用电高峰时发电用。这种调节作用对于电网运行是有利的。

另外，氢和氧还可直接改变常规火力发电机组的运行状况，提高电站的发电能力。例如氢氧燃烧组成磁流体发电，利用液氢冷却发电装置，进而提高机组功率等。

新的氢能发电方式是利用氢燃料电池。它是一种化学电池，利用物质电化学变化释放出的能量直接变换为电能，即利用氢和氧或空气直接经过电化学反应而产生电能。这种氢能发电实际是水电解槽产生氢和氧的逆反应。

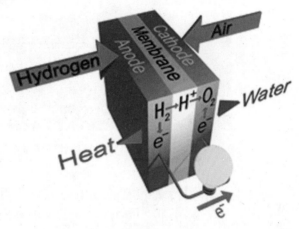

氢燃料电池

氢燃料电池的发电方式，没有机械传动部件，没有振动，基本没有污染，排放物中只有极少量的氧化氮。氢燃料电池的发电效率在各种发电方式中是最高的。它与其他化学电池如一次电池（干电池）、二次电池（各种可充电电池）不同，只要连续向其供给活性物质——燃料或氧化剂，即氢和氧（空气），就能连续发电，发电效率可达 65%～80%。通俗地说，氢燃料电池是一种利用水电解制氢的逆反应原理的"发电机"。

三　氢能源发电站

世界上首座氢能源发电站于 2010 年 7 月 12 日在意大利正式建成投产。这座电站位于水城威尼斯附近的福西纳镇。该发电站功率为

16 兆瓦, 年发电量可达 6000 万千瓦时, 可满足 2 万户家庭的用电量, 一年可减少相当于 6 万吨的二氧化碳排放量。

世界首座氢能源发电站

该电站采用传统的氢能发电方式。7 万吨燃料来自威尼斯及附近城市的垃圾分类回收, 利用生物法产生氢气。

在世界上首座氢能源发电站出现前, 英国的 BP 公司与美国的 GE 公司曾在 2006 年携手开发两个氢能发电项目。这两座氢能发电站分别位于苏格兰和南加州, 一座是以天然气为燃料的 47.5 万千瓦的氢能发电站, 另一座是以人造石油焦来产生氢的 50 万千瓦的氢能发电站。

2011 年 9 月, 韩国在釜山地区建成第一座大型氢燃料电池发电站, 可满足 7500 个家庭的用电需求。电站每年可减少二氧化碳排放量约 6000 吨, 相当于 1250 辆汽车或 5000 个家庭的排碳量。

中国有科学家认为, 中国也应该建设氢能发电站, 开始从碳基能源向氢基能源的过渡。通过建设氢能发电站来培育一批使煤炭或者天然气转化成氢的技术, 促进制氢技术、氢的储存运输技术、氢能源生产装备的发展及这些生产装备的整体管理, 为中国氢能源及氢经济发展打下基础。

第五节　人造太阳

地球上的石油、煤等耗尽后，人类靠什么生活？

科学家们开始幻想从海水中提取氘，使其在上亿摄氏度的高温下与氚产生聚变反应。1升海水里提取的氘，在完全的聚变反应中所释放的能量，相当于燃烧300升汽油释放的热能。幻想能否变成现实？

2005年6月28日，国际热核实验反应堆的建设地点尘埃落定，这个工程建设在法国南部的卡达拉舍。这个项目的英文名称缩写为ITER，在拉丁语里是"道路"的意思。如果一切顺利，它将成为世界上第一个产出能量大于输入能量的核聚变装置，为制造真正的热核反应堆作准备。

一　太阳发动机

地球万物所依赖的能量，绝大部分来自太阳，而太阳就是一个巨大的核聚变"熔炉"。不光太阳，宇宙中所有的恒星都依靠核聚变发出光和热，可以说，核聚变照亮着宇宙。利用太阳能，从某种意义上说，就是间接地利用核聚变产生的能量。

太阳和其他恒星的动力，都来自聚变能。恒星里的聚变反应有不同方式，到底采取哪种方式，取决于恒星的大小。

太阳是一颗中等恒星，它里面典型的核聚变反应是：4个质子经过一系列变化，变成含2个质子、2个中子的氦-4原子核，并释放出能量。太阳这颗中等恒星上进行的核聚变反应的效率很低，但因为太阳有着巨大的质量，物质非常多，所以也能产生很大的能量。

在聚变反应中，效率最高的是氢的两种同位素——氘（D）和氚（T）的聚变，其次是氦核之间的聚变。普通的氢原子核就是 1 个质子，氘核里有 1 个质子、1 个中子，氚核里有 1 个质子、2 个中子。

氘和氚结合变成氦，释放出能量。氘在地球上很丰富，每立方米的水中有 30 克，可以用电解提取。氚是不稳定的放射性同位素，在自然界里没有，必须用锂来制取。地壳里有不少锂，海水中也有一些。理论上说，只需要 1 千克氘和 10 千克锂，就能以 1000 兆瓦的功率发电 1 天，相当于烧上 1 万吨煤。可见核聚变反应的能量产出是非常可观的。

早在 20 世纪 50 年代，早期的受控热核聚变实验就取得了令人振奋的成果。当时有科学家充满自信地预言，50 年后人们就可以用上核聚变工厂发的电。但现在已经进入 21 世纪，我们离实用化的目标似乎还有 50 年那么远。

核聚变发电之所以迟迟不能实现，是由于要实现受控热核聚变存在许多技术困难。要实现和平利用核聚变能、严格控制其稳定产出与安全运转，工程的复杂度比制造原子弹、氢弹更高。

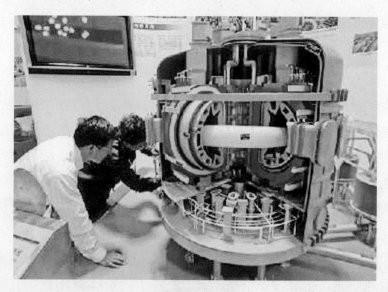

核聚变实验装置

聚变反应所需要的条件比裂变反应要高得多。太阳核心的温度有上千万摄氏度，只够进行低效率的质子聚变反应。氘和氚发生聚变的最佳温度是1亿摄氏度。这意味着，人类必须制造出比太阳更极端的环境，这样，人造的太阳发动机才能启动。

二　ITER的诞生

怎么把气体加热到1亿摄氏度？1亿摄氏度的气体用什么装？

为了解决这个难题，20世纪50年代苏联科学家发明了一种利用磁约束来实现受控热核聚变的环性容器，它的名字叫托卡马克。它的中央是一个环形的真空室，外面缠绕着线圈。在通电的时候，在这个托卡马克装置的内部会产生巨大的螺旋形磁场，将其中的等离子气体加热到很高的温度，以达到核聚变的目的。

热核聚变在技术上的困难，使得一些科学家转而寻求更简单的办法。1989年，发生了轰动世界的"冷核聚变"事件。

所谓"冷核聚变"事件是指当时美国犹他州大学的两位科学家宣布，他们做了这样一个实验：将钯电极浸泡在重水中，在室温

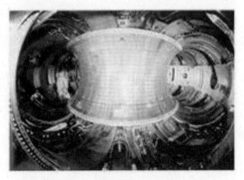

托卡马克的内部

下实现了核聚变，产出能量比输入能量更多。很多人重复了他们的实验，但重复不出结果，这件事因此成为"病态科学"，甚至被认为是骗局。但也有人不肯放弃冷核聚变实验。

其实，受控热核聚变只是存在技术上的困难，自从托卡马克装置出现后，人们正在稳步取得进展。各国的托卡马克装置性能不断上升，加热温度从1000万摄氏度上升到几亿摄氏度，产生的等离子体在密度和维持时间上也提升了几个数量级。输出的能量也接近了输入能量，只是还没有达到"收支平衡"的状态，更没有达到输出大于输入状态。

20世纪80年代，各国科学家认为，他们需要合作建造更大的托卡马克来更深入地研究核聚变反应。此时，美苏关系解冻、东西方冷战终结，两个超级大国需要用一个和平项目来显示合作的诚意。一个大规模的核聚变研究项目符合人类长期发展的共同利益，和平而且清贵，正合乎核裁军后的政治需要。于是，在1985年11月的日内瓦峰会上，里根和戈尔巴乔夫接受了美、苏、欧、日共建核聚变工程以和平利用核能的建议，这就是ITER计划，国际热核实验反应堆项目就这样诞生了。

国际热核实验反应堆项目签订仪式

国际热核实验反应堆ITER是一个实验装置，本身将不用来发电，但它是一个事关世界未来能源安全的重大国际合作项目，计划于2015年建成并产生第一批等离子体，运行21年。ITER的任务是取得技术上的突破，越过能量的"收支平衡点"，证明利用核聚变能在技术上是可行的，具有实用价值。

人们下一步将在2035年左右建造一个叫DEMO的试验反应堆，然后在2050年建造第一个商业化反应堆，2060年增加到10个，2100

年增加到 1500 个，满足全球 20％电力的需求。

看，人们就这样满怀信心地推进核聚变发电计划，实现利用核聚变能目标！

你知道吗

托卡马克装置

托卡马克装置是一种利用磁约束来实现受控热核聚变的环性容器。它的名字 Tokamak 来源于环形、真空室、磁、线圈。它的中央是一个环形的真空室，外面缠绕着线圈。在通电的时候托卡马克的内部会产生巨大的螺旋形磁场，将其中的等离子气体加热到很高的温度，以达到核聚变的目的。

三　核聚变发电

核反应使原子核发生能级跃迁，从而放出大量的核辐射线，而反应或次级反应也会生成大量的高能态的核辐射线。这些核辐射线很大一部分会被周围的原子吸收，或者散射掉，变成热能，从而使周围温度大幅升高，再通过一套热机装置转换为机械能，进而转换为电能输送。

核聚变是指氢及氢的同位素发生核反应生成氦及其他更重元素的反应。由两个或两个以上氢的同位素——氘和氚的氢原子核结合成一个较重的原子核，同时发生质量亏损释放出巨大能量的反应叫做核聚变反应，其释放出的能量称为核聚变能，即氢及氢的同位素发生核聚变反应释放的核能。

氢弹爆炸是利用氢原子核的聚变反应释放的原子核能。氢弹的核聚变比原子弹的核裂变要厉害多了，把 2 个氢原子放在一起，这 2 个

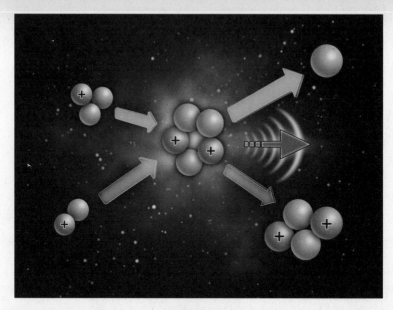

核聚变反应

氢原子互相碰撞后又形成其他的氢原子，一直碰撞下去就释放出能量，而原子弹的核裂变原子分裂有限。原子弹的能量有限，核裂变释放的原子核能也有限，而氢弹爆炸，氢原子核聚变反应释放的原子核能要比核裂变释放的原子核能大得多，它们不属于一个量级。所以，氢弹爆炸的杀伤力以及对周围环境和建筑物的破坏力是任何武器都无可比拟的。

氢弹是利用氢原子核的聚变反应释放的原子能，由于反应过程释放的能量太大，很难控制，所以聚变反应只能应用在军事上。而现在人类的目标就是要实现可控核聚变，从而实现聚变发电，那样的话，人类的能源将不再是问题。

正在研究中的可控核聚变技术是利用氢聚变，它需要有一个很快的加速场才能完成，目前还不能实现。但是可控核聚变技术一旦完成，将无限造福于人类，实现人类的可持续发展战略。

现在的核电厂所利用的核裂变技术有许多缺陷，最明显的就是原子裂变后会产生许多裂变废物，一旦泄漏会造成可怕的核污染，就算不泄露，也要耗费大量的资金去处理这些裂变后的废物。与之相比，氢聚变后的产物是氦，不会污染环境，而且原料氢原子可持续再生，人类也不用因为能源的枯竭而担忧。

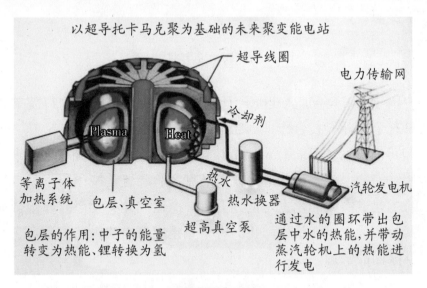

以超导托卡马克聚为基础的未来聚变能电站

超导线圈

电力传输网

冷却剂

Plasma　Heat

热水

等离子体
加热系统

包层、真空室

热水换器

汽轮发电机

超高真空泵

包层的作用:中子的能量
转变为热能、锂转换为氢

通过水的圈环带出包
层中水的热能,并带动
蒸汽轮机上的热能进
行发电

核聚变发电原理

核聚变发电关键是把聚变燃料加热到1亿摄氏度以上的高温，让它产生核聚变，然后利用热能来发电。托卡马克实验装置的出现，使核聚变发电成为可能。它可以在微型氢弹周围产生强大的磁场，约束住高温物质。科学家发现超导体拥有特别强大的磁场，于是，在21世纪建成核聚变发电站成为可能。

首座热核反应堆聚变功率至少达到500兆瓦。等离子体的最大半径为6米，最小半径为2米，等离子体电流为1500万安培，约束时间至少维持400秒。未来发展计划包括一座原型聚变堆在2025年前投入运行，一座示范聚变堆在2040年前投入运行。

氢是构成太阳的物质，太阳内部就有氢弹所需要的物质，比如氢原子，这些氢原子就在太阳这座巨大的核反应堆内进行核聚变反应，释放巨大的原子核能。太阳这座核反应堆内时时刻刻都在进行核聚变反应，它辐射出来的太阳光线，在离太阳大约15000万千米处的地球上生活的人类，还能感觉到它很热、很烫。太阳的中心温度高达几亿摄氏度，要是把太阳的核心取出来拿到地球上，那么地球将会被烧成一个大洞。这个大洞将直接贯穿整个地球中心，地球也会垮掉。

由此可见，核聚变发电一旦成功，它会为人类社会提供无穷无尽的清洁能源。

四　人造太阳的晨曦

中国于 2003 年加入 ITER 计划。位于安徽合肥的中科院等离子体所是这个国际科技合作计划在国内的主要承担机构。

2006 年 2 月 4 日，技术人员在合肥进行全超导非圆截面托卡马克实验装置安装。据介绍，这个托卡马克实验装置是中国科学家自主设计、自主建造而成的，也是世界上第一个建成此类全超导非圆截面核聚变实验装置。也就是说，我国将率先建成新一代人造太阳，它承载着科学家们的梦想。

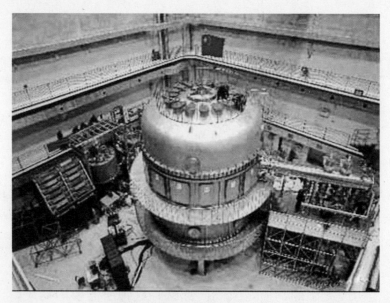

托卡马克实验装置安装现场

这个近似圆柱形的大型物体由特种无磁不锈钢建成，高约 12 米，直径约为 5 米，据介绍其总质量达 400 吨。与国际同类实验装置相比，它是使用资金最少、建设速度最快、投入运行最早、运行后获得等离子放电最快的先进核聚变实验装置。这意味着人类在核聚能研究利用领域取得了重大进步，也标志着中国在这一领域进入国际先进水平。

虽然人造太阳的奇观在实验室中初现，但离真正的商业运行还有相当长的距离，它所发出的电能在短时间内还不可能进入人们的家中。根据目前世界各国的研究状况，这一梦想最快有可能在 30 至 50 年后实现。

有专家说，未来稳态运行的热核聚堆用于商业运行后，所产生的能量足够人类使用数亿年乃至数十亿年。从长远来看，氢及氢的同位素发生核聚变反应释放的核能将是继石油、煤和天然气之后的主要能源，人类将从此由"石油文明"走向"氢能源文明"。

第六章
氢经济及发展

氢经济是以氢为媒介，包括氢的储存、运输和转化的一种未来经济结构的设想，是 20 世纪 70 年代提出的、为取代诸多困扰的石油经济体系而产生的新经济体系。

氢经济的曙光已经出现在地平线处，它正在向人类招手，人类社会正在大步走向氢经济时代。

第一节　什么是氢经济

一　从石油经济弊端说起

石油经济又称矿物燃料经济，是目前世界上大多数国家和地区所依赖的经济发展模式。汽车、火车和飞机几乎完全以汽油、柴油等石油产品为燃料，绝大部分的发电厂也是以石油、天然气和煤作为燃料。

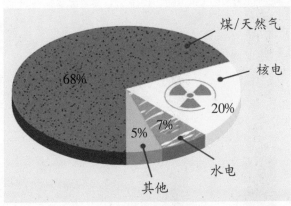

美国的发电情况

以世界上工业最发达的美国为例，美国发电量的 68% 来自矿物燃料，要是美国的矿物燃料进口渠道被切断，美国经济将陷于停顿。工厂生产出来的产品无法运输，人们无法开车上班。美国的整个经济，也可以说整个西方社会经济，现在都依赖于矿物燃料。

社会发展到今天，矿物燃料发挥了重要作用，现代社会经济是建筑在矿物燃料能源基础上的，矿物燃料经济产生了以下四个严重弊端。

一是空气污染。要是矿物燃料充分燃烧，那么汽车排放的尾气中将只含有二氧化碳和水。但是，内燃机、柴油机并不完美。在汽油、柴油燃烧的过程中，会产生一氧化碳、氮氧化物和未燃烧的碳氢化合物。其中，一氧化碳是有毒气体，氮氧化物是城市烟雾的主要来源，而未燃烧的碳氢化合物是城市臭氧的主要来源。所以，矿物燃料燃烧造成的空气污染是大城市中的一个严重问题。

城市中的空气污染

二是环境污染。石油在开采、运输和储存的过程中稍有差错，就有可能造成石油泄漏、管线爆炸或油井火灾等事故，这都会对环境产生巨大影响。例如2011年6月4日渤海康菲石油钻井平台发生重大石油泄漏事故，溢油污染面积累计5500平方千米，单日溢油最大分布面积达158平方千米，对油田及周边海域海洋环境造成污染。又如2006年3月10日在美国阿拉斯加州北部普拉德霍海湾地区发生一起重大石油泄漏事故，超过1000吨原油从输油管中泄漏并污染了附近约5.6万平方米的苔原地带。这次事故造成了大批周围海洋生物死亡，附近的渔业损失近千万美元。

三是造成气温升高。汽车每燃烧3.8升汽油，将向空气中排出大约2.3千克二氧化碳。从每辆汽车的排气管排出的二氧化碳是一种温室气体，它会使地球温度缓慢升高，最终很有可能造成剧烈的气候变化。而气温升高会导致冰川融化，海平面上升，会淹没大洋中的一些岛屿，破坏那里的生态环境，甚至发生洪水泛滥，摧毁现今的一些沿海城市。

四是依赖性。现在世界上大多数国家和地区都无法生产足够的石油来满足自己的能源需求。因此，许多国家和地区需要从石油资源丰富的国家进口石油。这就形成了经济上的依赖。当石油生产国决定提高石油价格时，其他国家和地区几乎别无选择，只能支付更高的价格，从而影响这些国家的经济发展。

矿物燃料经济产生的这些严重弊端，迫使人们改变石油经济体系，消除其弊端，从而催生了新经济体系。

二 氢经济的崛起

当石油经济带来全球性重大问题时，氢能作为一种清洁能源，可通过储氢材料在常温下进行储存，通过管道进行输送。这样，氢能源受到了人们的重视。

氢气是一种极高能量密度与质量比值的能源，氢燃料电池的效益更高于内燃机。氢经济有望消除矿物燃料经济所造成的弊端。因此，氢经济脱颖而出，有望成为一种新经济体系。

氢经济的优越性有以下几方面。

首先，氢经济是以氢能源为基础，消除矿物燃料引起的空气和环境污染。如果用氢燃料电池来产生动力，那么这将是一种完全清洁的技术，唯一的副产品是水。如果氢来自水的电解反应，那么就不会向环境排放温室气体。这将是一个完美的循环——水经过电解反应产生氢，氢在燃料电池中与氧重新结合生成水，同时产生动力。氢在制取和使用中，也不会存在类似于石油泄漏这样的环境污染危险。

同时，氢经济消除经济依赖性，不再使用石油意味着无需依赖中东国家及其石油储备，世界经济的发展就不会随石油价格的起伏而波动，一些国家的政要们也不必对产油国家和地区的石油资源虎视眈眈了。

氢经济时代的能源生产可以进行分布式生产，只要有电和水，就可以在任何地方生产氢，生产能源。使用较为简单的技术，人们甚至可以在家里制造氢，方便地得到所需要的能源。

矿物燃料经济造成的问题如此严重，而氢经济的环境优越性又是如此显著，因此，矿物燃料经济向氢经济转变的推动力非常强大，氢经济的崛起是自然而然的事。

氢经济时代的蓝天白云

三　氢经济时代的能源仓库

氢经济崛起的最大问题是"氢从哪里来"，随之而出现的是氢的运输、配送和储存问题。一旦这两个问题都能用一种经济实用的方式加以解决，氢经济时代就将到来。

氢经济时代的氢能从哪里来？

在矿物燃料经济中，只要把矿物燃料从地下开采出来，然后进行炼制，就可以作为能源利用了。矿物燃料经济的能源来自矿物燃料石油、煤和天然气，这些矿物燃料实际上是几百万年以前储存起来的太阳能。

几百万年以前，植物依靠太阳能生长，把太阳能转化为生物能储存在植物体内。植物死亡后，最终转化为石油、煤和天然气。从地下挖掘煤炭，抽取石油、天然气时，我们相当于打开了这一巨大的、"免费"的太阳能仓库。

在氢经济中，没有这样的能源仓库可以"免费"打开，必须去实时地创造能源。氢有以下两种可能的来源。

一是水电解，即利用电流，把水分子分解为纯净的氢和氧。水电解的优势是没有场地限制，任何地方都可以进行水电解。例如，在车库里放一个箱子，接上自来水用来制造氢，然后用制造出来的氢作为汽车燃料。

水电解制氢需要电力，如何获得足够的电力来从水中分离氢，并且不使用矿物燃料来发电？

在氢经济时代，这一部分发电能力必须全部用可再生能源实现。

水电解制氢装置

另外，现在交通运输业所用矿物燃料能源也都必须用氢来替代，而这些氢也要通过电力来产生。发展氢经济需要的电力也要全部用可再生能源来提供。只有这样，才能停止向大气中排放碳。

二是重整矿物燃料。在石油和天然气中均含有碳氢化合物，其分子由氢和碳构成。要是利用一种被称为燃料处理器或重整器的装置，可以较为容易地将碳氢化合物中的氢和碳分离开来，从而利用其中的氢，剩余的碳以二氧化碳的形式排放到大气中。

把矿物燃料作为氢经济中的氢源，可以减少空气污染，但是它既没有解决温室气体问题，也没有解决对石油的依赖问题，因为还需要石油。但在向氢经济转变的过程中，这是一个不错的选择。有些燃料电池动力汽车就是使用重整器，从汽油中获得燃料电池所需要的氢。这是为汽车燃料电池提供动力的最简单方法。

四 突破口在哪里

要发展氢经济需要电能，而且必须是不使用矿物燃料得到的电能。

不使用矿物燃料发电的方法有以下几种：核能发电、水力发电、太阳能发电、风能发电、地热发电、海浪和潮汐能发电、生物能发电。也可以通过热电联产得到电力，例如，锯木厂可以通过燃烧树皮产生能量，而垃圾处理场可以通过燃烧腐烂的垃圾所产生的沼气来进行发电。

而目前的情况是，电力主要来源是利用矿物燃料发电。以美国为例，大约20%的电力来自核能发电，7%的电力来自水力发电，只有5%的电力来源于太阳能、风能、地热和其他能源。

要发展氢经济，突破口就在大幅度提高非矿物燃料发电能力，即大幅度提高核能、水力、太阳能、风能、地热、海浪和潮汐能、生物能的发电能力。

在纯粹的氢经济中，发电量必须比现在增加近一倍，因为交通运输业目前利用的能源，都是来源于石油，这都必须用电解水产生的氢

来代替。因此，发电厂的数量要翻番，并且所有矿物燃料发电都将被
非矿物燃料发电所取代。

从右上角按顺时针顺序依次为：太阳能电站；核电站；水力发电站；风力涡轮机

第二节　氢经济技术

一　催生氢经济的技术

电力问题是氢经济所面临的最大障碍。一旦制氢技术得到完善并
且变得经济实用，那么在十到二十年之内，氢动力汽车就将取代汽油

内燃机汽车。但是，利用核能和太阳能一类非矿物燃料来发电不是那么容易的，核能利用存在安全问题，特别是日本福岛第一核电站爆炸事故发生后，人们对核电站安全引起的政治和环境问题更为敏感，一些国家和地区停止或推迟发展核能，而目前的太阳能、风能又受到经济成本和地理位置的限制，不能大规模发展。

目前，将纯粹的氢燃料汽车投入使用的关键是氢的储存和运输问题。氢在常温常压下是一种体积庞大的气体，它不像汽油那样容易储存和使用。压缩氢气需要消耗能量，而且压缩后的氢所能提供的能量也大大低于相同体积的汽油。

解决氢的储存问题的技术方案已经出现。例如，氢可以以固态形式储存在一种名为硼氢化钠的化学物质中，一些科技公司正在对这一技术进行测试。试验表明，这种硼氢化钠释放其中含有的氢之后，又重新转化为硼砂，从而实现了循环利用。

一旦储存问题得以解决，就必须围绕它来建立氢站网络以及用于运输氢的基础设施。这一工作的主要障碍是技术筛选过程。只有研究出一种能被市场普遍接受的储存技术，氢站网络才会迅速发展起来。如果所有制造商生产的氢能汽车都使用标准化储存技术，那么氢站网

建立氢站网络

络可能会迅速发展。但是，储氢的技术正在探索和发展中，还远没有达到标准化程度，建立氢站网络目前还无法付诸实现，只是在探索阶段。

另外，不排除新能源技术实现突破，从而迅速改变竞争形势。例如，要是能够研制出一种价格低廉的、可再充电且充电时间短的大容量电池，那么这种电动汽车就不再需要燃料电池，也没有必要使用氢了。那时，汽车将可以直接充电。

尽管媒体上时有关于氢经济的新闻，而且利用氢的呼声日渐高涨，但是，在催生氢经济的技术问题，如非矿物燃料发电技术、燃料电池技术、储氢技术方面一定要有所突破，才能推动我们迈出走向氢经济的第一步。

实现氢经济，任重而道远，发电厂必须改用可再生能源，而市场必须就如何储存和运输氢达成一致。这些障碍可能使向氢经济的转变成为一个相当漫长的过程。

二 "先有鸡，还是先有蛋"

氢经济是利用氢气经过化学反应后所产生的能量，它不但不会产生废气污染环境，而且也可以储存能量，所以氢经济可以取代现有的石油经济体系，并达到环保目的。但是，发展氢经济有诸多技术瓶颈，有经济成本问题，也存在"先有鸡，还是先有蛋"的循环难题。

迎接"氢经济"时代的到来，需要大量的科技攻关。太阳能分解水制氢技术是科学界公认的电解水制氢的关键，只有发展实用、廉价的太阳能分解水制氢技术，氢能才能够源源不断地供应，制氢、用氢成本才能不断降低。同时，提高以燃料电池为核心的氢能发动机性能，探索新的制氢、用氢途径，通过试点加速实现氢能源及燃料电池汽车商品化、产业化进程，也是降低制氢、用氢成本的重要途径。只有这样，才能使氢能源开发利用由一般性"可持续发展"，建设成为"永续发展利用"。

2009 年 12 月，在哥本哈根召开的联合国气候会议上，有 192 个国家的代表参加了会议，许多代表的目光转向氢能源。一个来自世界16家协会组成的联盟组织在丹麦的哥本哈根发布联合声明，这份声明针对地球气候环境和其他环境保护方面制定了很多有利的改进措施，提出利用可再生能源生产的氢电可以成为一项新的能源载体，能够作为用电高负荷时期国家电网的电力补充能源，并指出使用氢技术可以抑制全球温室气体的排放。

哥本哈根气候大会

发展氢经济，应用氢能源，需要有许多先进技术和设备，需要投入大量的人力、物力和财力。当今各国政府和全球范围的相关企业针对氢电项目作出可观的资金投入，使得氢能源技术进入高速发展阶段。日本和德国等几个国家作出承诺，通过投资国家氢电基础设施，努力促进氢能源发展。而美国则打算继续在技术研发方面下工夫。

但是，总体来说，投入不足制约了氢能源的开发和应用。很多氢设备要大量使用才有成本效益，但是不先装设这些先进设备，则根本无法吸引人使用，更不会有相关产业。如何过渡到氢时代是氢经济的研究课题，人类社会要完成从今天的矿物燃料经济走向更为清洁的氢经济时代，需要突破技术、经济和政策上的障碍。

三 发展氢经济，任重而道远

制氢和燃料电池应用成本过高，是氢能源不能产业化利用的技术关键。目前科技攻关的目标：一是降低制氢成本，使制氢成本能与汽油相当，使人们用得起氢能源；二是降低燃料电池成本，使燃料电池成本与内燃机相当，使人们买得起燃料电池和燃料电池汽车。

当前来说，发展氢经济要解决以下三个制约氢经济发展的问题。

首先，要解决氢气的生产成本问题。不同的氢气生产方法有不同的固定投资额和生产成本。制氢的能源可以来自多种来源，有天然气、核能、太阳能、风能、地热能、生物燃料、矿物燃料。其中，矿物燃料特别是由煤炭制氢最便宜，但是，由煤炭制氢会污染环境，除非二氧化碳封存技术普及化及实用化，否则产生的温室气体会使氢气科技的环保性荡然无存。

在评估经济成本时，煤炭、石油和天然气名义上看来很便宜，但是真实成本很少被考虑。这些不可再生的能量来源是数百万年才产生在地球内部，通常用"免费"来计算生产成本，只计算开采成本。而氢气虽然可以从石化工业副产品中提取一部分，但大部分要从非再生能源来制取。在此前提下，氢气不见得是最便宜的能源，因为目前电解制氢技术还没有解决诸多问题，致使制氢成本较高。

同时，要解决燃料电池制造的技术问题。国际上以氢为燃料的"燃料电池发动机"制造技术近年来有重大突破，日益成熟起来，成为推动氢经济发展的发动机。据介绍，为赢得"氢经济"时代的制高点，西欧和美国等一些国家和地区正大力投资进行氢能源的制取和应用研究。

此外，要解决管线铺设成本问题。氢气运送管线铺设成本高于任何电线管路，也比天然气管线贵将近三倍。因为氢会加速一般钢管的碎裂，发生氢脆，增加了管线维护成本、外泄风险和材料成本。为此，需要利用新科技研制低成本的高压运送管线材料和技术。要进入氢经济时代，需要大量的管线基础建设投资才能储存和分配氢气到末端的氢能用户。

发展氢经济，实现纯粹的氢经济，任重而道远。发电厂必须改用可再生能源，而市场必须就如何储存和运输氢达成一致。这些障碍可能使向氢经济的转变成为一个相当漫长的过程。氢能源的应用能够为全世界每一个国家带来好处，通过应用氢能源减少温室气体的排放，地球村中的每一个人都会从中受益。

四　远水可以解近渴——车载氢氧机

正当人们对氢能源汽车应用翘首以待时，氢能源专家告诉人们：氢内燃机和燃料电池两种氢能汽车方案都存在制氢、贮存成本高等现实难题，要想达到产业化和全面普及尚有待时日。

有待时日是几年？几十年还是几百年？

谁也说不清楚！人们对于氢能汽车追求的脚步一刻也没有停息。近来，一种车载氢氧机方案正在世界各国的业余爱好者工作室里进行研究实验。

什么是车载氢氧机？

所谓车载氢氧机是指利用汽车上蓄电池的电力对水进行电解，所产生的氢氧混合气由进风口被吸入汽车内燃机中的机械装置。车载氢氧机产生的氢氧混合气和传统的汽油、柴油或者天然气进行混合燃烧。氢氧混合气只加入 5% 左右，即可降低燃油消耗的 10%～40%，同时减少 50% 的污染排放。

车载氢氧机

车载氢氧机之所以能降低燃油消耗、减少污染排放，是因为燃油燃烧充分。一般汽车内燃机效率在 50% 左右，其主要原因是燃烧不充分。要做到燃烧充分，则需要加大空气流量。但是，加大空气流量，即增加进气量，其后果是增加了排气量，汽车排出的尾气的温度达几百摄氏度，意味着排出的废热量增加，燃料热值利用率仍然较低。要是减少空气流量，则无法让碳氢燃料完全燃烧，无法完全利用碳氢燃料的热值。这就是现代汽车内燃机无法达到较高的燃烧效率的原因。

要提高汽车的内燃机效率的最好办法是富氧燃烧，然而在汽车上携带氧气瓶是不现实的，这将增加汽车的载重量，减少汽车的可利用空间，增加汽车的使用成本。

汽车上装上车载氢氧机，将水分解成为氢气和氧气，按 2∶1 的比例组成氢氧混合气，输出到内燃机引擎中。由于氢对燃烧中间产物氧化反应的链锁推进，提高了一氧化碳、烃类等气体的氧化反应速度，可以提高燃烧系统的热效率。应用车载氢氧机后，节能环保效果显著，节省燃油 $10\%\sim30\%$，减少污染物排放 50%，且动力增强，加速性能提高。

同时，氢氧混合气对内燃机有脱碳作用，因此，可以减少积碳，延长发动机使用寿命；还可以使车辆容易发动，发动机冷却水温度显著降低，排气管温度也明显降低。

车载氢氧机节能减排作用已被验证，虽然这不是利用氢能源的最佳方案，但它是氢能普及道路上的一个过渡方案，采用这种方案投资少，见效快，更容易被消费者所接受。车载氢氧机可以在各种汽车，包括家用轿车、公共汽车、运输货车等燃油燃气车辆上应用。

第三节　氢能汽车

氢能汽车是以氢为主要能源的汽车。氢能汽车的出现，成为氢经济发展的发动机，促进了氢经济的发展。

一　新能源汽车的后起之秀

随着汽车社会的逐渐形成，汽车保有量不断地呈现上升趋势，而石油等资源却捉襟见肘，吞下大量汽油的车辆不断排放着有害气体和污染物质。最终的解决之道当然不是限制汽车工业发展，而是开发替代石油的新能源，几乎所有的世界汽车巨头都在研制新能源汽车。

电曾经被认为是汽车的未来动力，电动汽车作为新能源汽车理所当然地得到应用和推广。但是，电动汽车的蓄电池充电时间长，而且汽车蓄电池质量大，使得人们对它兴味索然。

电和汽油合用的混合动力车也属于新能源汽车之列，可以减少汽油消耗，但是它只能暂时性地缓解能源危机，只能减少但无法摆脱对石油的依赖。

这个时候，氢动力汽车的出现，犹如再造了一艘诺亚方舟，让人们从能源危机中看到希望。

氢动力汽车，又称氢能源汽车，是指以氢能为动力来源的汽车。它是一种真正实现零排放的交通工具，排放出的是纯净的水，具有无污染、零排放、能源储量丰富等优势。因此，氢动力汽车是传统汽车最理想的替代方案，是一种能同时解决能源不足和环保问题的未来型汽车。

氢动力汽车分为两种：氢能燃料汽车和氢能燃料电池汽车。

氢能燃料汽车类似目前使用汽油机的汽车，是将氢燃料像汽油一样在汽车发动机里燃烧，让氢燃料的化学能转化为热能，再转变成机械能，成为驱动汽车的动力。氢能燃料汽车是以氢气为燃料，在发动机中直接燃烧获得动力，它使用的发动机和现在的汽油机类似。氢能燃料汽车的优点是发动机效率较高，制造也方便，传统汽油内燃机车进行小量改动就可以了。氢能燃料汽车的问题是行程短，载满氢气的车行驶不了多少路程，氢燃料很快就耗尽，车辆很快便没能量了。

氢能燃料电池汽车是装备有氢燃料电池，以氢燃料电池产生的电力为驱动动力的汽车。氢燃料电池让氢能直接转化为电能，获得电力

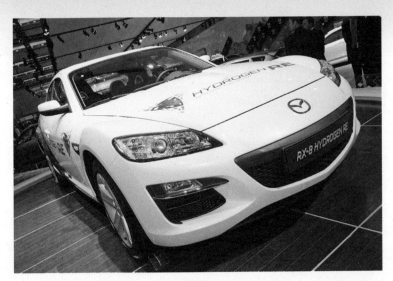

氢能燃料汽车

作为汽车的动力。氢能燃料电池汽车需要以燃料电池代替原来的汽车发动机。氢能燃料电池汽车与一般的电动汽车不同，氢能燃料电池汽车是氢燃料通过化学反应产生电力，电动汽车的电力来自车载电池，车载电池可以通过反复充电得到电能。

与传统动力汽车相比，氢动力汽车成本至少高出 20%。中国长安汽车在 2007 年完成了中国第一台高效零排放氢内燃机点火，并在

上海世博会的氢能汽车

2008 年北京车展上展出了自主研发的中国首款氢动力概念跑车"氢程"。氢动力汽车在 2010 年上海世博会上公开亮相，它作为一种实现"无污染，零排放"的新能源汽车在世博园区内来回行驶，成为上海世博会的一道亮丽风景线。

二 氢内燃车

氢内燃车，又称氢能燃料汽车，它像一般汽车一样，需要内燃机作为发动机，只需要将一般汽车发动机进行改造，让它适应氢能燃料就可以了。但氢内燃车和一般汽车又不同，一般汽车内燃机通常注入柴油或汽油，而氢内燃车则改为使用气体氢，通过氢燃料在发动机内燃烧，使氢燃料含有的化学能转化为热能，再转变成机械能来获得动力。氢内燃车直接燃烧氢，不使用其他燃料，产生水蒸气排出。

首辆氢内燃车在 1807 年就出现了，只是设计不成功，性能不佳，未能得到应用。到 20 世纪 20 年代，人们开始试验用氢驱动内燃机。目前应用的氢能燃料汽车基本都是氢动力和普通汽油的混合动力，可以使用氢燃料，也可以使用普通汽油。

氢内燃车不同于氢燃料电池车，在氢燃料电池车中是利用氢燃料电池得到电能，燃料电池和电动机会取代一般的发动机。氢燃料电池的原理是把氢输入燃料电池中，氢原子的电子被质子交换膜阻隔，通过外电路从负极传导到正极，产生电流，成为电能驱动电动机。氢原子的质子却可以通过质子交换膜与氧化合为纯净的水雾排出。而氢内燃车直接燃烧氢，使氢燃料含有的化学能通过转化为热能、机械能来获得动力。

世界上许多汽车巨头在研制、开发氢内燃车。宝马公司和其他世界汽车巨头一样，也一直在致力于探索未来的替代能源汽车。宝马公司瞄准了氢内燃车，宝马的氢内燃车有更多的能量，比氢燃料电池车更快。宝马的氢能燃料汽车一直保持着氢能燃料汽车的最高时速纪录。

氢内燃车是将氢作为燃料直接注入汽缸内燃烧，与燃料电池相比，它的能量转化效率较低，但是好处也是显而易见的。因为燃料电池本身需要贵重金属作为材料，成本极高，虽经众多厂家的努力，但在可预见的将来仍看不到商业化的清晰前景。

氢燃料车辆模型

氢内燃机则与普通汽车的内燃机几乎没什么不同，只是把燃料由汽油换成了氢，正是因为这一点，宝马的氢能7系还实现了氢和汽油的双燃料自由切换。但是，氢内燃车离真正的商业化还很遥远。

用液态氢做燃料的设想说起来简单，但要实现量产化却有许多实际的技术难题需要解决。走在前列的宝马公司首先于2004年发布了H2R氢燃料赛车验证了技术可行性，随后在2007年推出了氢能7系，第一次证明了氢燃料动力车可以达到量产水平，使用上和一般汽车没有太大差异。在广泛的氢燃料补给站网络建成之前，宝马氢能7系还是使用液态氢和汽油的双燃料系统，这样可以单独使用任何一种燃料驱动，两种燃料可自由切换。

有的生产企业还在研发新型氢内燃机，例如，日本马自达汽车公司已在开发燃烧氢的转子发动机，它可以反复转动，氢可在发动机内的不同部分燃烧，减少突然爆炸这个氢燃料活塞发动机的常见问题。

中国研制的燃用氢、汽油混合燃料的城市节能公共汽车正在进行试验，它也是一种氢能燃料汽车。在国家相关政策的扶持下，国产的氢能燃料汽车的推广和应用是可以期待的。

三　创纪录的宝马"氢赛车"

2004 年 9 月 19 日，德国宝马汽车公司的 H2R 氢燃料动力汽车在法国的一个高速试车场创下氢燃料内燃动力汽车的 9 项全球速度记录。它的最大功率为 210 千瓦，0～100 千米/时加速约 6 秒钟，最高速度达 302.4 千米/时，一举改写了汽车工业历史。

宝马 H2R 氢燃料动力汽车是根据宝马汽车公司的清洁能源计划研制的新车，"H2R" 代表"氢赛车"（Race）、"氢创纪录车"（Record）或"氢研究车"（Research）的含义。它的惊人表现清楚地证明：氢动力汽车的性能丝毫不逊于传统能源汽车。

"H2R 氢赛车"

"氢赛车"外形线条十分流畅，看起来就像是顶级运动跑车，它有着轻巧的铝制底盘、硬壳式铝制空间框架和由碳纤维强化型塑料包裹的外层表面，这些设计完全可以在极端的路况条件下满足高速行驶的要求，并且可实现最大程度的稳定性。这辆"氢赛车"上装配有

6.0 升 V−12 氢动力发动机。

"氢赛车"的工作原理与其他内燃发动机相同，不同之处在于它以液氢为燃料而非汽油或柴油。H2R 氢赛车加氢是通过一个移动加氢站完成的。液氢储罐具有双真空绝热层，容量为 11 千克液化氢，位置被安排在驾驶座椅的一侧。

宝马集团"氢赛车"创造的纪录，证明氢发动机具备强大的动力和卓越的性能，氢和空气混合会产生更高的内燃压力，从而可以用同样多的能源提供更多的动力，也就是说氢的效能更高。这种完全由无污染的液氢燃烧方式可以为新一代跑车提供动力。更重要的是，该技术的可靠性和稳定性清楚地表明氢发动机已经达到了目前可以批量生产的最高水平。

四　氢能 7 系登陆中国

2006 年 11 月 22 日，宝马集团的氢能 7 系亮相柏林，标志着世界上第一款供日常使用、几近零排放、氢动力驱动的豪华高性能轿车的诞生。

2007 年，宝马集团氢能 7 系在上海车展上完成了在中国的首演。

宝马氢能 7 系

随后，宝马氢能7系现身北京街头，并在此后的几个月内，这辆氢能7系豪华轿车在广州、香港举行了一系列推广活动，在中国掀起一股氢能源汽车的热潮。

氢能7系汽车装备了能够使用液氢燃料和汽油的6.0升V-12发动机，最大输出功率为191千瓦，在9.5秒内即可从0加速到100千米/时，最高电子限速为230千米/时。它除了配有普通油箱外，还配有一个额外的燃料罐，可容纳约8千克的液态氢。驾驶者可以通过多功能方向盘上一个单独的按钮手动完成从氢动力到汽油动力模式的转换。如果一种燃料用尽，系统将会自动切换到另一种燃料形式，保证燃料的供应持续而可靠。

氢能7系汽车的车身壳体和装备是量身订制的，具有最佳的行车稳定性、驾乘舒适性和良好安全性。除此之外，它还配备了在线支持移动信息系统服务和无线服务预留设施组件。

氢能7系汽车完美地结合了氢技术及典型的宝马轿车的动态性能和驾驶表现，并展示了氢能驱动技术的巨大潜力，是宝马集团致力于未来世界个体机动性可持续发展的有力证明。它向中国公众表明，汽车与能源行业不依赖矿物燃料的可持续机动化产业时代已经到来。

五 "氢程"震撼亮相

2007年6月18日，我国自主研制的第一台高效低排放氢内燃机在重庆长安汽车集团成功点火。这种高效低排放氢内燃机是一种新型的内燃机，它与传统的汽油机和柴油机相比，具有高效率、低排放、低成本、适应性好等优点，对于减少环境污染，应对能源危机具有十分重要的意义。它的成功点火标志着我国氢内燃机研究技术已经获得了突破性进展，为氢内燃机的产业化奠定了基础。

2008年4月20日，长安自主研发的中国首款氢动力概念跑车"氢程"震撼亮相北京车展。"氢程"以先进的理念、领先的技术和出色的设计，成为这届车展的最耀眼夺目的概念车型。"氢程"采用国

中国第一台氢内燃机点火仪式

内第一款成功点火的氢内燃机为动力。

中国首款氢动力概念跑车"氢程"的亮相标志着中国自主研发的氢内燃机车已经起步，中国的氢动力汽车发展迈出了重要一步。

中国首款氢动力概念跑车"氢程"

第四节　氢能汽车的角力

　　氢能汽车是理想的未来型汽车，在石油和资源不足的情况下，研发可以无限使用的氢能燃料，可以说是人类追求的"梦中的技术"。尤其是氢能汽车不排放温室气体，全球各大汽车厂商不得不全力以赴地研发这一新技术。于是，各大汽车公司分为氢能燃料汽车和氢能燃料电池汽车两大阵营，展开了激烈的研发竞赛。宝马和福特等公司正在致力于研发氢能燃料汽车，现代起亚和通用、奔驰、本田等公司则在研发氢能燃料电池汽车。目前以研究氢能燃料电池汽车的公司较多。

韩国现代起亚公司推出的氢能燃料电池汽车

韩国主要是研发氢能燃料电池汽车，韩国政府于 2006 年制定了氢能燃料电池汽车研发路线图，为氢能燃料电池汽车商业化创造条件。

一　氢能汽车的瓶颈

用氢气作燃料的氢能汽车有许多优点。首先，氢能干净卫生，氢气燃烧后的产物是水，不会污染环境。其次，氢气在燃烧时比汽油的发热量高，而且氢气可以从电解水、煤的气化中大量制取，不需要对汽车发动机进行大的改装。与其他新能源汽车相比，氢能汽车行车路程远，使用寿命长。

1965 年，外国的科学家们就已设计出了能在马路上行驶的氢能汽车。我国也在 1980 年成功地造出了第一辆氢能汽车，可乘坐 12 人。世界上许多汽车生产企业竞相发展氢能汽车，推广应用氢能汽车。

宝马公司的第一辆氢动力汽车

但是，推广应用氢能汽车不是一帆风顺的，这需要解决三个技术问题。

一是大量制取廉价氢气的方法。传统的电解法制氢，价格昂贵，且耗费其他资源，无法推广；而利用矿物燃料制氢受到石油资源短缺且不可再生的制约，无法大规模制氢，而且又会污染环境。只有发展实用、廉价的制氢技术，氢能才能够源源不断地供应，制氢、用氢成本才能不断降低。

二是解决氢气的安全储运问题。氢的储存是氢能规模化应用的基础，但是氢很轻，体积庞大，又容易燃烧，不便储存和运输。要有效利用氢能，就要解决氢的储存和运输。世界各国科学家投入大量的时间和精力，从事氢的储存、运输技术研究，已经开发应用多种氢的储存和运输技术。

三是解决汽车所需的高性能、廉价的氢供给系统。目前，氢能汽车上常见的氢供给系统有三种：气管定时喷射式、低压缸内喷射式和高压缸内喷射式。

随着储氢材料和氢燃料电池的研究进展，可以为氢能汽车开辟全新的途径。近年来，科学家们研制的高效率氢燃料电池，减小了氢气损失和热量散失。

氢燃料电池技术，一直被认为是利用氢能解决未来人类能源危机的终极方案。提高以燃料电池为核心的氢能发动机性能，通过试点加速实现氢能源及燃料电池汽车商品化、产业化进程，才能使氢能汽车得到普及和推广。

二 通用汽车公司的"氢动 1 号"

2000 年，美国通用汽车公司制造出了以氢气为动力的"氢动 1 号"概念车。这是一辆具有前瞻性的概念车，它体现了当代最新的技术。它以紧凑型车为基础，是一款五座车，最高速度达 140 千米/时。电流由燃料电池组发出，它消耗纯氢，它的重要意义在于不产生任何污染排放。

"氢动 1 号"概念车的出现，使当时的布什政府十分高兴，美国媒体也广泛宣传。时任美国总统乔治·布什由于拒绝参加京都协议，以及阻挠国会通过降低汽车平均油耗的法案而备受批评。为减少批评，他大力提倡"氢能源"、"氢经济"来表达对能源和环境问题的重视。因此，有外界评价，"氢动1号"概念车的出现成了布什政府的挡箭牌，可以转移舆论指责。

"氢动1号"概念车

尽管这样，"氢动1号"概念车的诞生还是意义重大，要是将来汽车都以氢气为燃料，那地球也就消除了一大污染源。但是，"氢动1号"只是一辆概念车，汽车以氢为动力还有一些技术问题需要解决。例如，氢动力汽车需要加氢补充燃料，这就要建氢燃料加气站，但这个问题目前还无法解决。所以，通用汽车公司只是将氢动力汽车的普及作为2020年的目标。

以液态氢为动力的"氢动1号"作为悉尼奥运会的"绿色使者"，引导了马拉松比赛的全程。之后，"氢动1号"来到北京，许多记者都亲自驾驶过。大家在感慨全新的技术之余，对未来的商业化生产表示了更多的关注。但是，通用汽车公司的专家指出，既然氢动力汽车一时无法普及，那还是应该在汽油上做文章。汽油仍是过渡期最重要的燃料之一，让它别再"呼"、"呼"地冒烟，散发有害气体，关键问题是要给汽油加点"调料"，降低汽油中的硫含量。各方人士现在都大力指责以汽油为动力的汽车，可实际上经过改进的汽油燃料装置并不那么让人头痛。在抛弃汽油的时代还未到来前，主要问题是提高汽油燃烧的性能，减少废气的排放。

三 马不停蹄的"氢动 3 号"

尽管"氢动 1 号"无意间成了布什政府转移舆论指责的挡箭牌，但美国通用汽车公司仍马不停蹄地研究开发氢动力汽车。

2003 年，美国通用汽车在能源动力全球巡展上推出了"氢动 3 号"，引起业界人士的广泛关注。

"氢动 3 号"已经达到了通用汽车的商业化生产指标，驱动系统的模块化和摆脱对蓄电池的依赖使得"氢动 3 号"的总车重降低约 100 千克，接近 1590 千克的目标值，而且容积与普通车型的载货空间完全相同。通用汽车相当看好这一车型，认为"氢动 3 号"是向成熟燃料电池车规模化生产进程中取得的一项重大进展。

摩纳哥蒙特卡洛赛道，因以街巷作赛道而闻名于世。在这个赛道上试驾"氢动 3 号"，平均速度为每小时 110 千米，最高时速可达每小时 160 千米，与传统的内燃机动力基本一样。

与以液态氢为动力的"氢动 1 号"相比，"氢动 3 号"有了很大改进。这辆在欧宝赛飞利基础上开发成功的 5 座车，把由 15 个主要组件构成的整个燃料电池驱动系统的体积大幅度缩小，使该系统成为一个完整的驱动集成模块。该模块重约 30 千克，从而实现了模块化生产。由于部件的优化，该车的重量已接近 1590 千克的目标。这其中省掉的最大部件是大功率缓冲电池组，该电池组在前一代车上用来解决峰值率问题。这项重大改进，使整车重量减轻，并使行李箱的容积扩大到与普通赛飞利车相同。"氢动 3 号"由 200 块相互串联在一起的燃料电池块产生电，通过功率为 60 千瓦的三相异步电机驱动车辆行驶。

蒙特卡洛市依山傍海，街道坡陡曲折。"氢动 3 号"在行驶过程中丝毫没有感到吃力。没有了内燃机，车辆在爬坡过程中听不到传统汽车那种渐渐增大的轰鸣声。这是由于"氢动 3 号"的驱动系统几乎不产生任何噪声，0～100 千米/时的加速时间为 16 秒。

"氢动 3 号"在蒙特卡洛赛道的表现，向人们传递了这样一个信息：氢动力车正在向我们驶来。美国通用汽车希望成为第一家售出 100 万辆燃料电池车的汽车制造商。

四 创纪录的氢动力车

2009 年 6 月 16 日下午，在美国南加州莫哈韦沙漠的宽阔龟裂的土地上，一辆水滴形跑车在风大尘高的沙漠地上飞驶而过。这是一辆改装的氢动力车，车上装有氢动力发动机，时速达到 321.4 千米，刷新了此前由宝马 H2R 氢动力车创下的约 300 千米/时的氢动力陆地速度纪录。

创纪录的氢动力车

自从氢动力车问世后，它的速度纪录不断被刷新。这辆创纪录的氢动力车是由一辆老爷车改装而成，车上装有强大的氢动力发动机，车上装满整整 1 吨的压缩氢气。看上去，这部老爷车就像一颗真正的定时炸弹，但是，车手杰西驾着它创造了陆地速度纪录。让杰西更为得意的是这是一辆零排放赛车。

为了提高氢动力车的速度，对车体进行了改造，还安装了一个超大的散热器，提高了发动机的散热功能，让强化后的发动机全力工作。为了避免氢动力发动机引发事故，这辆氢动力车还装了一个较长的进气管，并通过向双涡轮增压器浇水降温。同时，还在车上设计了一个装满了冰块的大水箱，一旦发动机过热就会被流经的冰水冷却下来。

这辆创纪录的氢动力车不像主流的氢动力车那样使用液态氢，而是直接使用氢气气体。此外，它还拥有一个换气 5 速传动装置和一个速变齿轮传动装置，以及 3 个分别可存储 2268 千克氢气的碳纤维"气"箱。

正是用了这些改装手段，采取了直接燃烧气态氢气的做法，使得氢动力车创造了新的速度纪录。经过改装的氢动力车的成功，使得氢动力车更加接近普通家庭用车，这就是人们对其寄予厚望的原因。

五　超越，再超越

2006 年 3 月 6 日，十届全国人大四次会议上海代表团全团审议会上，上汽集团的代表向时任国家主席胡锦涛赠送了一个汽车模型，这是上海同济大学与上汽集团共同研发的"超越 2 号"燃料电池汽车模型。

"超越 2 号"是上海同济大学与上汽集团共同研发的一种燃料电池汽车。早在 2002 年，上海同济大学开发出了第一代燃料电池动力平台并且通过国家验收。2003 年 7 月，该校与上汽集团合作完成了基于第一代动力平台燃料电池轿车试验样车"超越 1 号"的试制。

在不断研发的基础上，先后成功研制了"超越 1 号"、"超越 2 号"和"超越 3 号"氢燃料电池轿车。其中多项技术填补了国内的空白，部分技术达到国际先进水平，形成了自主知识产权。

"超越 1 号"燃料电池汽车是在 2003 年 7 月完成的第一代动力平台的燃料电池轿车试验样车。在不断研发的基础上，项目团队于 2004 年 5 月又完成了基于第二代动力平台的燃料电池轿车试验样车"超越 2 号"。而"超越 3 号"是在 2005 年研发完成的。

"超越 3 号"有两项最为关键的技术创新。一项是利用上海的工业副产品氢气资源，将制氢环节前移，车上直接装载氢燃料。这不同于其他的燃料电池车采用的车载制氢方式，它是用一个容积为 160 升的储氢罐储存 2 千克的氢气，一次加氢可行驶 230 千米。

另一项关键技术是用燃料电池和锂离子蓄电池配合的电-电混合动力技术来供电。汽车的供能过程是动态的，借助蓄电池的配合，可使燃料电池的供能过程相对平稳，并把刹车时的动能转换成电能储存起来，完成踩油门时动力强劲输出而踩刹车时不浪费能源的动态控制。

"超越 3 号"燃料电池汽车最高时速可达每小时 122 千米，0～100 千米/时的加速时间为 19 秒，这些指标已经接近目前内燃机汽车的水平。

2006 年 6 月，我国自主研发的燃料电池轿车"超越 3 号"参加了在法国巴黎举行的第 8 届"比比登"清洁能源汽车挑战赛，顺利通过全部比赛程序，取得 4 "A"、1 "B" 的优秀成绩，并且完成了 120 千米的拉力赛，得到了国际同行的好评。

"超越 3 号"燃料电池汽车

六　法兰克福车展的明星

2011 年 9 月的法兰克福车展上有一位耀眼明星，它就是奔驰汽车集团推出的 F125 氢动力欧翼概念车。

为什么要称它为"F125"呢?

车名中的"125",是为了纪念奔驰汽车集团创始人卡尔·奔驰先生在 125 年前为他的"内燃机驱动车"注册专利。正是内燃机驱动的汽车彻底改变了人类的出行方式。

那么今日的 F125 氢动力欧翼概念车能否再次改变人们的出行方式呢?

看,新车的外形,它比现款短轴距版 S 级奔驰汽车短了 97 毫米,宽了 110 毫米,矮了 50 毫米,而轴距却要比现款长轴版的 S 级车型都要长,前后悬则非常短,采用 23 英寸(1 英寸=2.54 厘米)的超大合金轮毂。这款概念车还有一个轻量级、铝加强的底盘,支撑着巨大的轮毂。为了最大限度地降低整车质量,该车车身采用碳纤维、铝合金和塑料材料制成。

奔驰集团宣称它的设计将成为新一代 S 级和 CL 的设计蓝本。其外观设计元素包括前格栅和侧面的特征线条,将会在今后的奔驰汽车新款车型上应用。

奔驰 F125 氢动力欧翼概念车

F125 氢动力欧翼概念车的最大亮点是采用了一个先进的燃料电池,车上配备了容量为 10 千瓦时的锂离子电池组,这个燃料电池为这款 F125 新车提供比现今最强劲的 S 级车型还要高的性能,能够在

4.2秒内从静止加速到100千米/时，这使它比现款顶级版的双涡轮增压5.5升S600车型还要快。在不使用氢燃料电池的情况下，能够提供约50千米的续航能力，加满一罐氢后的续航能力则将突破1000千米，而氢的消耗仅仅为每百千米0.79千克。

更为重要的是这款F125概念车的污染物排放为零。它采用的是一个先进的燃料电池系统，利用氢来产生电能，而电能则会为驱动这款大型轿车的四台电动机提供动力。这一新动力系统的核心是一个特别设计的氢桶，这个氢桶被作为一个结构部件融入到F125的地板中。它所产生的电能会为安装在汽车四个角上的无刷电动机提供动力，每个电动机负责驱动一个车轮。

奔驰集团计划将于2013年在加拿大建立一座生产氢燃料电池的新工厂，并将氢燃料电池汽车的投产时间从2015年提前到2014年。由此可见，奔驰集团展示这款F125的目的是向世人展示具备传统奔驰实力的大型、舒适和安全的氢动力轿车拥有其灿烂的未来。

虽然F125概念车仅是车展上的一辆样车，或许它离我们还有些遥远，但是随着奔驰氢燃料电池车的投入试运行，相信不久后这种安全、清洁、高效的新能源汽车便能够走入我们寻常百姓家中。

极具科技感的奔驰F125概念车外观

七　新能源汽车的标杆

2011 年第十四届上海国际汽车工业展览会上，奔驰 B 级燃料电池车是一个夺人眼球的亮点。

奔驰 B 级 F-Cell 燃料电池车有三个 70MPa 的储氢罐，储存的氢气通过燃料电池系统转化为电能，为装载在车头的电动机提供持续的电流输出，从而带来足够的动力。该车的最大功率为 95.6 千瓦，最大扭矩为 290 牛·米，最高时速可达 170 千米/时，续航里程达到 380 千米，同时 F-Cell 燃料电池汽车装配了一块最大输出功率为 35 千瓦、最大容量为 1.4 千瓦时的锂离子电池，以提高动力和实现制动能量回收。

2011 年 1 月 30 日，梅赛德斯-奔驰启动了 B 级燃料电池车的环球之旅。作为首款量产型燃料电池车，梅赛德斯-奔驰 B 级燃料电池车在 125 天内完成了一场空前的长途旅行——穿越 4 大洲 14 个国家，经受复杂气候与路况的考验。

梅赛德斯-奔驰 B 级燃料电池车的续航里程达到了 400 千米，每次在加氢站充满燃料仅需 3 分钟。由于目前只有在欧洲、北美洲及澳洲拥有数量有限的加氢站，因此在本次 B 级燃料电池车的环球之旅活动中，当车辆行驶在远离加氢站的地区，就要依靠车载液氢储气罐作为 B 级燃料电池车的"燃料补给站"，而通过移动加氢站补充满燃料的时间也仅为 20 分钟。

奔驰 B 级燃料电池车搭载着奔驰集团的先进科技，它的成功推出，为燃料电池汽车在氢能汽车的角力中争得了一分，也给新能源汽车的发展树立了一个标杆。

第五节　氢经济的霞光

氢能作为一种新能源正为人们所重视，正在被人们所应用。氢经济时代正在向我们走来。世界上有一个国家成了研究氢能的走廊，是氢经济的理想场所，它就是冰岛，氢经济的霞光已经在冰岛上空出现。

一　研究氢能的走廊

冰岛位于北大西洋中部，北美和欧洲两大板块之间。冰岛是一个小国，面积小，人口少，只有 28 万人，但它是一个经济、科技和文化高度发达的国家，人均 GDP 居世界前列。

冰岛在能源利用历史上有过曲折的经历，也曾经将矿物燃料作为主要能源来源。20 世纪 90 年代以来，冰岛政府逐步加大经济多元化改革的力度。冰岛矿产资源匮乏，但水利资源和地热资源充足，人均拥有水量是欧洲人均水量的 600 倍，地热资源更是得天独厚。充分发挥能源优势发展相关产业，促进产业的多元化，是冰岛政府近年来发展经济的重要政策。

冰岛充分利用《京都议定书》二氧化碳排放配额，以发展能源密集型工业作为其首选。近年来，冰岛政府十分重视能源的开发和利用，在冰岛境内已建成的水力发电站 6 座，同时还建立了 4 座地热电站。目前，原有地热电站扩建和新建电站都在规划和筹建之中。

除了开发利用水力能和地热能外，冰岛还重视其他可再生能源的

氢能源应用国际会议在冰岛举行

开发和应用。冰岛政府曾公开承诺将冰岛建设成为世界上第一个完全由可再生能源供能的经济实体。在这个可再生能源供能的经济实体中，氢能源和氢经济提到了重要位置。冰岛开发、应用氢能源有得天独厚的环境，因为其电力的72％来自地热和水力资源。冰岛可以通过电网供电来进行电解水，得到氢能。

在冰岛开发氢能源和发展氢经济计划中，就包括了建造3辆液态氢能燃料公交汽车，并在冰岛的公路上试运行。这3辆氢能源公交汽车就占了冰岛交通汽车总量的4％。冰岛整个交通运输系统中运行的汽车将由氢气提供能源。为此，冰岛还联合了包括卡车和轮船在内的其他运输公司，成立了冰岛新能源有限公司，它的第一项任务就是开创一个探索氢能可能性的项目，这又引出了生态城市运输系统（EC-TOS）的新概念。

在冰岛生态城市运输系统中，就包括建造3辆液态氢能燃料汽车和建设在城市的零售加氢站。冰岛早就在首都雷克雅未克附近建立了加氢站，用于供应一部分氢动力公共汽车。加氢站通过电解自来水获取的氢气进行生产、储存和分配，为每辆公共汽车提供能量。冰岛只需要大约 16 个加氢站就足以保证氢动力汽车在全冰岛境内行驶。

冰岛的氢能源汽车在运行

液态氢能燃料汽车长 12 米，由压缩氢气提供能量，补充液氢的过程也在加油站进行。燃料电池和储存罐设计安装在氢能燃料汽车的顶部。高压氢能储存罐的压力为 350 千克/平方厘米，该车的最大速度大约为每小时 80 千米，每次补充氢的最大行程为 200 千米。EC-TOS 项目刚刚开始的时候，每千瓦的燃料电池花费为 1 万美元，现在同样规格的燃料电池仅需 120 美元。另外，以前的燃料电池不能在 0℃以下的环境进行工作，因此夜间必须保暖，而现在在零下 20℃的环境工作也没有问题。

氢能源汽车在冰岛看到了希望，氢经济的霞光之所以出现在冰岛这个小国并不是偶然的。冰岛过去有从一种能源换为使用另一种能源的经历。在 1940 年到 1975 年期间，房间供暖从使用石油转换到使用地热能加热。因此，人们更容易接受能源使用的变革。同时，目前冰岛能源绝大部分来自地热能和水力能，通过地热蒸汽涡轮及水力发电来生产氢气，方便地解决了氢气的来源问题。此外，冰岛环境恶劣、季节变化较大、地形复杂，这些都将有助于对氢能源技术作出正确的评价。

现在，冰岛人雄心勃勃地开发氢能源，发展氢经济，冰岛的技术、金融以及政治团体将氢能的发展视为实现他们雄心的有效途径之一。冰岛人深信，冰岛的能源需要能够自给自足。现在，冰岛政府为每所学校 10～15 岁的孩子提供有关氢能的教育材料，也通过媒体对公众进行氢能源和氢经济科普宣传，使得开发氢能源、发展氢经济深入人心，使得冰岛大众对开发氢能的支持率达到 90％。

现在，世人都在关注冰岛这片世界氢能实验基地，人们希望这片世界氢能实验基地获得成功，让氢能源和氢经济在冰岛开花结果，让世界更快地实现污染物的零排放。

二. 海洋里的"闪电"

世界上第一艘氢能源商用船在冰岛出现，它就是冰岛的"闪电"号赏鲸船。"闪电"号排水量 130 吨，可乘坐 150 名乘客。

"闪电"号赏鲸船是由冰岛当地的三家公司——研究氢燃料电池的冰岛氢能公司、从事赏鲸活动的旅游公司及冰岛新能源公司联合起来，共同拉开了氢能应用的新序幕。这三家公司的结缘是因为他们共同参与了一个氢能研究项目——冰岛氢能公司为赏鲸船队设计使用氢能的船只。他们的最终目标是捕鱼的时候不再使用石油，而是使用冰岛丰富的可再生能源。

在这艘赏鲸船上装备有冰岛氢能公司设计的船用氢能系统：内部的混合动力系统由一个储氢罐和一套 48 伏直流电池系统组成，储氢罐通过电源线与燃料电池相连，电池系统通过栅极将电能转换为三相能源。实际上就是燃料电池从储存系统中提取氢，再将之转换成电能。利用氢能源替代石油进行发电，为船舶提供辅助动力。

虽然这艘"闪电"号赏鲸船个儿不大，船上的氢能系统只是为支持电网运行的辅助发动机提供动力，氢能发电主要用于照明和做饭等，但对于赏鲸活动作用却很大。当船员发现附近有鲸鱼时，他们就关闭主发动机，为游客创造安静的环境，让他们倾听这些哺乳动物游

"闪电"号赏鲸船上游客在赏鲸

泳和击水的声音。

　　"闪电"号赏鲸船虽然只是用来赏鲸活动，但是意义重大。现在海洋上航行的船舶无论是主机还是辅机，大多是用石油燃料为能源。随着全球石油资源的日益枯竭和气候问题的愈加严峻，人们开始考虑在海船上采用替代能源。冰岛已经用氢能源部分取代了汽车上的柴油和汽油，陆上交通已经开始"氢化"，在这艘"闪电"号赏鲸船上装备船用氢能系统，则是对石油燃料的"海上霸主"地位的挑战。

"闪电"号赏鲸船在航行

"闪电"号赏鲸船上装备氢能系统，这只是第一步，证明了可以在船上使用氢能，接下来将要改造游船的推进系统，这样一来整个航程都使用氢能。冰岛人还想通过此举，实现冰岛全部的渔船上采用氢能源的梦想，因为冰岛的渔船队是全球最大的渔船队之一，要是在冰岛全部的渔船上用上氢能源，这一创举将为冰岛赢得世界上第一个"氢经济"国家的美誉添分。

三 "最适合居住的国家"与"氢气路"

2001年至2006年，挪威连续六年被联合国评为"全球最适合居住的国家"。

不错，这个"最适合居住的国家"有优越的自然地理环境，它是一个河流众多、雨量充沛的国家，拥有丰富的水利资源。

有资源也要会利用，不会利用，有也等于没有。挪威人懂得利用其水利资源，水电开发较早，至今已有100多年历史。挪威的水电技术十分先进。挪威的可再生能源利用比例较高，占能源总消耗的近60%，其中水电能占50%，生物能占6%，天然气蕴藏量虽高，但使用量不到3%。

挪威的风能、氢能结合项目的模型图

挪威也重视氢能源的开发和利用，而且在氢能源的开发上有创造，有突破。挪威的一项重要创造是把风能和氢气结合起来开发。挪威是世界上第一个把风能和氢气结合起来发电的国家。

2004 年，挪威在西海岸修建了尤兹拉风力发电场，该发电场把平时风力发电产生的剩余电力用于分解海水，通过水分子电解产生氢气后，将其储存在一个大的容器里，再注入到常规的氢发生器或注入到燃料储存室里，一旦没有风或风力过大时，就可以把储存的氢取出来，用来发电，获取所需的电力。风力发电场所在的尤兹拉岛也因此实现了能源自给自足，成为世界上的"氢经济"示范区。

挪威和很多国家一样，将氢能作为交通工具的动力燃料。2006年，挪威国家石油公司在斯塔万格附近建立了第一个氢气站，并陆续建立了多个氢气站。这样，斯塔万格到奥斯陆的公路将成为一条名副其实的"氢气路"。"最适合居住的国家"的"氢气路"给其他国家是一种示范，一种鼓励。人类社会的"氢气路"或许漫长，但会一直走下去！

四　中国的"氢经济"之路

中国对氢能研究与发展始于 20 世纪 60 年代初，那是为了发展中国的航天事业，利用液氢作为液体火箭燃料。从 20 世纪 70 年代起，将氢作为能源载体和新的能源系统进行了开发。

氢能作为一种清洁、高效、安全、可持续的能源，被视为 21 世纪最具发展潜力的清洁能源，开发氢能已引起各国的高度重视。中国也不例外，十分重视氢能技术的发展，重视氢能源的开发和利用。

2003 年 11 月，中国在美国华盛顿签署了由 15 个国家和欧盟代表参加的"氢能经济国际合作伙伴计划"。该计划下设的指导委员会还在北京召开了第二次氢能会议。

为了进一步开发、利用氢能，国家制定的《科技发展十五计划和2015 年远景规划》中，就将氢能技术列入其中，氢能利用被列为重点发展的方向之一。科技部安排了一批氢能转换技术研发与应用示范项目，科研人员已在一些关键技术上取得显著进展。

我国发展氢能技术的开发利用集中在交通领域，其重点是氢能源汽车的研发。随着中国经济的快速发展，汽车工业已经成为中国的支柱产业之一。在能源供应紧张的今天，发展新能源汽车迫在眉睫，用氢能作为汽车的燃料无疑是最佳选择。

中国在氢能汽车研发领域取得重大突破，国内在燃料电池发动机方面已取得大功率燃料电池组制备的关键技术，已成功开发出氢能燃料电池汽车样车，国内研发的燃料电池汽车在整车操控性能、行驶性能、安全性能、燃料利用率等方面均得到较大提高。我国自主研制的燃料电池轿车已经累计运行4000多千米，燃料电池客车累计运行超过8000千米。

虽然中国在燃料电池发动机的关键技术上已经实现突破，但是还需要更进一步对燃料电池产业化技术进行改进、提升，使产业化技术成熟。为此，国家加快对燃料电池关键原材料、零部件国产化、批量化生产的支持，不断整合燃料电池各方面优势，带动燃料电池产业链的延伸，同时加快燃料电池车示范运营相关的法规、标准的制定和加氢站等设施的建设。这些具体的政策和措施，推动了中国燃料电池汽车的发展。

长安汽车展示的燃料电池汽车

对于中国这样一个缺乏石油资源的经济大国，不可能大部分能源依靠进口石油来解决。由于氢能的生产可利用当地资源从任何地方生产出来，因此在中国发展氢技术、开发氢能源很有潜力和市场。

　　展望未来，在中国的土地上似乎还看不清氢经济时代远景，中国要进入氢经济时代路途还很遥远，在进入氢经济时代之前还必须研究时机、成本、困难和开发。但是，氢经济时代的曙光已经出现在中国的上空，中国的"氢经济"之路已经开始，让我们脚踏实地地走好"氢经济"之路。

"氢经济"的美好前景吸引了人们的视线

结尾的话

氢能是通过氢气和氧气进行化学反应所产生的能量。氢能是氢的化学能，由于氢的燃烧效率非常高，氢燃烧的产物是水，不会产生温室气体污染环境，而且可以再生。所以，氢能是人类所期待的一种清洁的二次能源。

科学家预测，到21世纪中叶，氢能有可能成为广泛使用的燃料之一，有可能在世界能源舞台上成为一种举足轻重的二次能源。但是，氢能这种二次能源，不像煤、石油和天然气等可以直接从地下开采。

使用氢能源，发展氢经济，需要大量制取廉价氢气，而氢是能量的携带者而非能源，又不能直接开采。它必须从化石燃料或其他能源中提取，这样会引起能量的流失。目前，氢可以从化石燃料如天然气中取得，但这也产生二氧化碳。要是通过电解水取得氢，虽然干净，但需消耗电能，而电能大多是通过燃烧矿物燃料的发电厂生产的，其过程仍产生污染。

在自然界中，氢易和氧结合成水，水是氢的大仓库，如果把海水中的氢全部提取出来，所蕴藏的热量将是地球上所有化石燃料热量的近万倍。但是，要把氢从水的大仓库里提取出来，必须用电分解的方法把氢从水中分离出来。要是用目前的传统电解方法制取氢，即用煤、石油和天然气等燃烧所产生的热能转换成的电力，再用电力分解水制氢，那显然是划不来的，价格昂贵，无法推广。

高效率的制氢的基本途径，是利用太阳能，使太阳能转变成氢能。如果能用太阳能来制氢，那就等于把无穷无尽的、分散的太阳能转变成了高度集中的干净、清洁的氢能源。

海洋是氢的大仓库

目前利用太阳能分解水制氢的方法有太阳能热分解水制氢、太阳能发电电解水制氢、阳光催化光解水制氢、太阳能生物制氢等。太阳能制氢是一种便宜、直接、清洁的方法，也是大量制取廉价氢气的途径，其意义十分重大。

正是由于太阳能制氢有重大的现实意义，世界各国都十分重视，投入了不少的人力、财力、物力研究和发展太阳能制氢，并且也已取得了多方面的进展。因此，太阳能制氢，让太阳能转变成氢能，将成为开发氢能源的首选，也只有这样，人类才有可能普遍使用氢能这种优质、干净的燃料。

人类对氢能的应用在 200 年前就产生了兴趣，但一直到 20 世纪 70 年代，世界上一些国家和地区才开始开展氢能研究。目前，氢能技术在美国、日本、欧盟等国家和地区已进入系统实施阶段。

基于氢能的特点，用于车辆系统的氢能和燃料电池研发最受人关注。在众多车用能源技术方案中，氢能源燃料电池可能是最难实现的方案。这也使得各国政府和相关企业加大了对氢能源燃料电池的投入。目前，全世界有几百个车用氢能源燃料电池示范项目在实施。

氢能源开发、应用和推广不会一帆风顺。拿车用氢能源来说就存在诸多问题。氢的密度很低，难于储运，就算以液态形式储存在低温瓶或压缩气体瓶，在氢能汽车上，存放液氢瓶或压缩气体瓶的空间也十分有限。现在，就有人研究用特别的结晶体来储存氢，让氢储存在较高密度和更安全的环境中。

车用氢能的生产、储存、运输、销售有许多问题需要解决。首先，要解决汽车所需的高性能、廉价的氢供给系统。目前常见的氢供给系统有三种：气管定时喷射式、低压缸内喷射式和高压缸内喷射式。随着储氢材料的研究进展，可以为氢能汽车开辟全新的途径。同时，要解决氢能的储存、运输，也需要机械和汽车，即在氢经济的早期，还必须依赖矿物燃料，其结果是产生更多的二氧化碳，会增加全球温室效应。

氢能汽车的发展方向是燃料电池汽车。目前科学家们研制的高效率氢燃料电池，可减小氢气损失和热量散失。对于氢能源燃料电池来说，它的类型、结构本身就存在许多复杂的技术问题和工艺问题。

公路上的氢能汽车

对于车用氢能源技术来说，它存在和其他车用新能源技术的竞争，例如氢能源汽车和其他形式的电动汽车、双燃料汽车、混合动力汽车存在激烈竞争，谁是未来新能源汽车主角还未见分晓。

有专家预测，即使车用氢能源诸多问题得到解决，氢能源汽车也不可能一统天下。专家预测，到 2050 年，全世界 30％的汽车由氢能源燃料电池驱动，大约有 7 亿辆汽车是氢能源汽车。由于氢能燃料电池汽车的效率比传统能源汽车高两倍还多，这些氢能燃料电池汽车投放使用可以大幅度减少世界能源的总需求。

氢能源开发、应用的另一个重要领域是氢能燃料电池电站的发展。专家预测，到 2050 年，固体氧化物燃料电池和熔融碳酸盐型燃料电池将会得到推广和应用。氢能燃料电池电站将以分布形式联合供电、供热，为各行各业提供所需要的能源。届时，全世界氢能燃料电池电站将提供 2 亿～3 亿千瓦电能，占全世界能源总量的 2％～3％。

也有专家认为，氢能源首先开发、应用的领域应该是电力系统，因为对全球气候问题来说，影响最大的不是汽车，而是发电厂。以美国为例，汽车排放的二氧化碳大约占总量的 20％，而燃烧矿物燃料的发电厂，其二氧化碳的排放量要占 40％。所以，美国许多著名的

氢能发电厂

燃料电池公司重点研发固定式燃料电池，用于发电。美国一些专家也认为，为应对全球变暖问题，首先应该发展发电用的燃料电池，向工业和家庭供电，然后再逐步开发氢动力车。

开发、应用氢能源，发展氢经济需要花钱，需要大量经济投入。美国专家估算，美国要初步建立氢经济模式，大约40％的汽车采用氢能源就需要5000亿美元投入。如果只有少量氢动力车上路，那么石油公司不会对氢燃料的生产、配送、储存和加注设施进行投资。而全美国如果没有 $\frac{1}{4}\sim\frac{1}{3}$ 的燃料站能提供氢燃料，那么，燃料电池制造商不会花大力气去开发车用燃料电池，汽车制造商们也不会负担这笔基础设施费用。所以，开发、应用氢能源，需要得到各国政府的强力支持，需要政策配套。这需要全社会对氢能源开发、应用达成共识。

但是，对于氢能源开发、应用也有不同声音。有专家认为，我们离氢能源商业化还有相当长的距离，我们在迈向"氢经济时代"的路途中还存在不少问题。有人认为，氢只是一种"流通货币"，不是原始能源，也就是说，氢只是一种能量的载体，从某种能源取得能量，再用到需要的地方去，并不能无偿地、无限制地取得氢。燃料电池就是把这种"流通货币"转换成电能的途径之一。

对于氢能源是一种清洁能源，也有人提出质疑，其理由是：氢是一种很难控制的气体，任何细微的缝隙都可能造成逸出。氢能的储存、运输过程中，不可避免地出现泄漏。氢气逸入大气中后会与氧气结合变成水蒸气，形成云层，而这种云层的增加，又会加速全球温室效应。这就要求对现有的基础设施进行改造，改成能支持高压氢气或低温液态氢的储存和运输，这又是十分艰巨、复杂的工作。

展望未来，进入氢经济时代之前还必须解决一些技术瓶颈和经济问题，还需研究时机、成本。但是，氢能源的优越性既然这么诱人，氢经济的曙光既然已经出现在地平线处，那么，氢能源的开发、应用和推广是迟早的事。氢能源正在走向你我，氢经济正在走向人类社会！

图书在版编目（CIP）数据

话说氢能/翁史烈主编. —南宁：广西教育出版社，
2013.10（2018.1 重印）

（新能源在召唤丛书）

ISBN 978-7-5435-7584-4

Ⅰ.①话… Ⅱ.①翁… Ⅲ.①氢能－青年读物②氢
能－少年读物 Ⅳ.① TK91-49

中国版本图书馆 CIP 数据核字（2013）第 288704 号

出 版 人：石立民
出版发行：广西教育出版社
地　　址：广西南宁市鲤湾路 8 号　　邮政编码：530022
电　　话：0771-5865797
本社网址：http://www.gxeph.com
电子邮箱：gxeph@vip.163.com
印　　刷：广西大华印刷有限公司
开　　本：787mm×1092mm　　1/16
印　　张：12.25
字　　数：168 千字
版　　次：2013 年 10 月第 1 版
印　　次：2018 年 1 月第 4 次印刷
书　　号：ISBN 978-7-5435-7584-4
定　　价：39.00 元

如发现印装质量问题，影响阅读，请与出版社联系调换。